机电一体化技术

主　编　李　琦　戴文静
副主编　苟岩岩　冯晓霞　郑德慧
主　审　孙康岭

U0244434

北京航空航天大学出版社

内 容 简 介

本书从系统的观点出发介绍了机电一体化技术,包含模块一"自动化生产线的安装与调试"和模块二"工业机器人的典型应用"两部分。

模块一共分 5 个项目,每个项目均以生产线的一个单元为载体,讲解机电一体化技术在该产品中的具体应用,通过各项目的训练,掌握机械本体、动力系统、传感器与检测装置、信息处理及控制系统、执行装置在各项目中的选择依据与具体应用,实现理论与实践的一体化。

模块二以搬运机器人工作站和码垛机器人工作站两种机器人典型应用为案例,系统介绍了机器人的组成与结构,机器人的应用与发展,机器人常用的传感器以及机器人常用的驱动方法。

本书可作为高职高专院校机电一体化方向的教材,还可供从事机电一体化设计、制造的工程技术人员参考。

图书在版编目(CIP)数据

机电一体化技术 / 李琦,戴文静主编. -- 北京:
北京航空航天大学出版社,2018.6
ISBN 978 - 7 - 5124 - 2736 - 5

Ⅰ. ①机… Ⅱ. ①李… ②戴… Ⅲ. ①机电一体化—
高等职业教育—教材 Ⅳ. ①TH - 39

中国版本图书馆 CIP 数据核字(2018)第 126812 号

机电一体化技术

主 编 李 琦 戴文静
副主编 苟岩岩 冯晓霞 郑德慧
主 审 孙康岭
责任编辑 张冀青

*

北京航空航天大学出版社出版发行

北京市海淀区学院路 37 号(邮编 100191) http://www.buaapress.com.cn
发行部电话:(010)82317024 传真:(010)82328026
读者信箱:bhpress@263.net 邮购电话:(010)82316936
北京建宏印刷有限公司印装 各地书店经销

*

开本:710×1 000 1/16 印张:12.5 字数:266 千字
2018 年 7 月第 1 版 2024 年 1 月第 2 次印刷
ISBN 978 - 7 - 5124 - 2736 - 5 定价:38.00 元

前　言

机电一体化包含机电一体化技术和机电一体化产品两个方面的内容。从系统的观点出发，机电一体化技术是将机械技术、微电子技术、信息技术、控制技术等在系统工程基础上有机地加以综合，以实现整个系统最佳化的一门新科学技术。机电一体化技术的应用不仅提高和拓展了机电产品的性能，而且使机械工业的技术结构、生产方式及管理体系发生了深刻变化，极大地提高了生产系统的工作质量。机电一体化产品种类繁多，典型的机电一体化产品有数控机床、自动化生产线、工业机器人、智能化仪器仪表等。

尽管机电一体化产品形式各异，但机电一体化系统的构成要素却是相同的，都是由机械本体、动力系统、传感器与检测装置、信息处理及控制系统、执行装置5部分组成的。各部分相互补充、相互协调，共同实现产品的功能。本书以 YL‐335B 自动化生产线实训台、机器人（搬运机器人、码垛机器人）为载体，以"必需、够用、适当拓展"为度，以突出实用与技能为原则，形成了本书鲜明的特点。首先，内容体系紧紧围绕项目，不涉及与本项目关联度不高的知识点，将理论知识融入项目中；其次，"引、学、做、教"一体化，采用功能分析、功能实现、知识自学、实训练习、知识拓展方式，层层递进，将执行机构、机械本体、传感器与检测技术、信号处理及控制与项目紧密联系起来，让学生在实训的过程中学会思考，学会选择。

本书由李琦、戴文静任主编，苟岩岩、冯晓霞、郑德慧任副主编，孙康岭教授任主审。全书由李琦起草、编写大纲并进行统稿，舒敏、刘天亮、郭秀杰参加了部分章节的编写。

孙康岭教授仔细审阅了全书，并提出了大量宝贵意见，在此表示感谢！同时向本书所参考和引用的资料和文献作者表示衷心感谢。机电一体化是发展最为迅速的技术领域之一，本书的每一个项目都涉及诸多领域，由于编者水平所限以及本书带有一定的探索性，书中难免存在疏漏，恳请读者和专家批评指正。

编　者

2018 年 6 月

目　　录

模块一　自动化生产线的安装与调试

模块二　工业机器人的典型应用

模块一

自动化生产线的安装与调试

　　自动化生产线是现代化工厂按产品生产工艺的要求，由计算机、工业机器人、自动化机械以及智能型检测、控制、调节装置等组合而成的全自动生产系统。

　　自动化生产线在无需人工直接参与情况下自动完成供送、生产的全过程，并取得各机组的平衡协调。YL‒335B 自动化生产线具有严格的生产节奏和协调性，包括供料、加工、装配、输送、分拣等工作单元，构成一个典型的自动生产线的机械平台，系统各机构采用气动驱动、变频器驱动和伺服（步进）电机位置控制等技术。自动化生产线实物图如图 1 所示。

　　本模块共分 5 个项目，每个项目均以生产线的一个单元为载体，讲解机电一体化技术在该产品的具体应用，通过各项目的训练，掌握机械本体、动力系统、传感器与检测装置、信息处理及控制系统、执行装置在各项目中的选择依据与具体应用，实现理论与实践一体化。

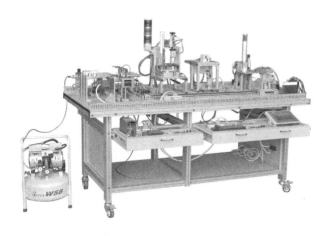

图 1　自动化生产线实物图

项目一 供料单元的安装与调试

项目描述

供料单元的功能是根据需要将料仓中的工件推送到出料台上,以便机械手将其抓取、输送到其他单元上。通过本单元的功能分析、安装与调试,使学生掌握对机电一体化系统的安装与调整的方法、步骤和规范,以及编制 PLC 控制程序的一般步骤。

项目要求

1. 根据项目功能,分析供料单元功能实现的器件选择依据;
2. 能完成供料单元机械和启动部件的安装、气路的连接和调试;
3. 按照控制要求设计该工作单元的 PLC 控制电路,包括规划 PLC 的 I/O 分配及接线端子分配;
4. 按照控制要求编制和调试 PLC 程序。

项目实施

1.1 供料单元的基本功能

供料单元是 YL‑335B 中的起始单元,在整个系统中,起着向系统中的其他单元提供原料的作用。它的具体功能是:按照需要将放置在料仓中待加工工件(原料)自动地推出到物料台上,以便输送单元的机械手将其抓取,输送到其他单元上。图 1‑1 所示为供料单元实物的全貌。

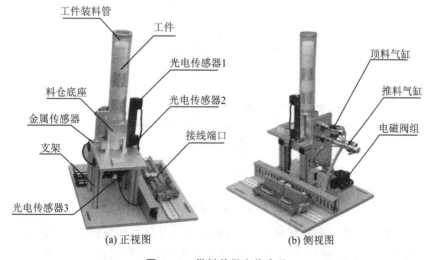

图 1‑1 供料单元实物全貌

1.2 供料单元的功能分析与实现

供料单元的主要功能是按照需要将放置在料仓中待加工工件(原料)自动地推出到物料台上,要实现这一推送动作,需要考虑以下几个问题:

① 在工作过程中,推送动作需要重复进行,故在动作完成后应恢复到预备状态;

② 推送过程中会遇到何种干扰? 如何解决?

③ 推送动作是否将加工工件推送到位?

④ 如何实现动作的顺序控制?

⑤ 本工作站的信息是如何传递给主系统的? 例如,料仓的储料情况、供料单元的工作状态(待加工工件是否到达指定位置)等信息是如何传递给主控制器的?

针对上述问题,供料单元采用如下方案:

● 工件垂直叠放在料仓中,采用双作用推料气缸实现推送动作;

● 推料活塞杆与最下层工件处于同一水平位置;

● 料仓底层设计成可让活塞杆和工件从其底部通过的结构;

● 为避免推料时上层工件的干扰,增加了夹紧气缸,夹紧气缸的活塞杆与次下层工件处于同一水平位置,如图1-2所示。

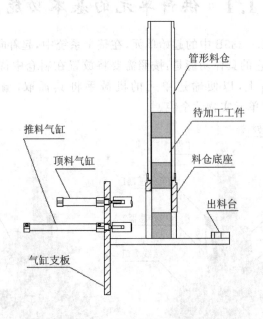

图1-2 供料操作示意图

当需要将工件推出到物料台上时,首先使夹紧气缸的活塞杆推出,压住次下层工件;然后使推料气缸活塞杆推出,从而把最下层工件推到物料台上。当推料气缸返回并从料仓底部抽出后,再使夹紧气缸返回,松开次下层工件。这样,在重力的作用下,料仓中的工件就自动向下移动一个工件,为下一次推出工件做好准备。

在底座和管形料仓第4层工件位置,分别安装一个漫射式光电开关。它们的功能是检测料仓中有无储料或储料是否足够。若该部分机构内没有工件,则处于底层和第4层位置的两个漫射式光电接近开关均处于常态;若仅在底层起有3个工件,则底层处光电接近开关动作而第4层处光电接近开关处于常态,表明工件已经快用完了。这样,料仓中有无储料或储料是否足够,就可用这两个光电接近开关的信号状态反映出来。推料缸把工件推出到出料台上。出料台面开有小孔,出料台下面设有一个圆柱形漫射式光电接近开关,工作时向上发出光线,从而透过小孔检测是否有工件存在,以便向系统提供本单元出料台有无工件的信号。在输送单元的控制程序中,就可以利用该信号状态来判断是否需要驱动机械手装置来抓取此工件。

1.3 相关知识

1.3.1 执行元件的选择与控制

供料单元采用双作用气缸实现推送动作,利用 PLC 控制电磁阀线圈的通断电来控制单电控电磁阀的动作,实现压缩空气方向的变换,驱动气缸的伸出和缩回。

1. 标准双作用直线气缸

双作用气缸是指活塞的往复运动均由压缩空气来推动。图1-3是标准的双作用直线气缸的半剖面图。图中,气缸的两个端盖上设有 A、B 两个进排气通口。当从无杆侧端盖 B 气口进气时,可推动活塞向前运动;当从杆侧端盖 A 气口进气时,可推动活塞向后运动。

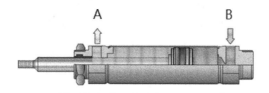

A   B

图1-3 标准双作用直线气缸半剖面图

双作用气缸具有结构简单、输出力稳定、行程可根据需要选择的优点,但由于其是利用压缩空气交替作用于活塞上实现伸缩运动的,故回缩时压缩空气的有效作用面积较小,所以产生的力要小于伸出时产生的推力。

为了使气缸的动作平稳、可靠,应对气缸的运动速度加以控制,常用的方法是通过进出气节流来实现。

单向节流阀是由单向阀和节流阀并联而成的流量控制阀,常用于控制气缸的运动速度,所以也称为速度控制阀。

图1-4所示为在双作用气缸上装两个单向节流阀的连接示意图,这种连接方式称为排气节流方式。其原理是,当压缩空气从A端进气、B端排气时,节流阀A的单向阀开启,向气缸无杆腔快速充气;由于节流阀B的单向阀关闭,有杆腔的气体只能经节流阀排气,调节节流阀B的开度,便可改变气缸伸出时的运动速度。反之,调节节流阀A的开度则可改变气缸缩回时的运动速度。这种控制方式,活塞运行稳定,是最常用的方式。

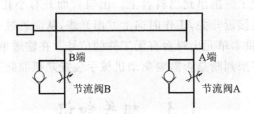

B端　节流阀B　A端　节流阀A

图1-4　节流阀连接示意图

节流阀上带有气管的快速接头,只要将合适外径的气管往快速接头上一插,就可以将管连接好,使用十分方便。图1-5是安装了带快速接头的限出型气缸节流阀的气缸外观。

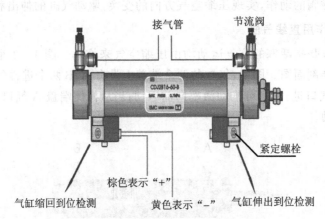

接气管　节流阀

CDJ2816-60-B
MAX. PRESS. 0.7MPa
SMC MADE IN CHINA

紧定螺栓

棕色表示"+"

气缸缩回到位检测　　黄色表示"－"　　气缸伸出到位检测

图1-5　安装上气缸节流阀的气缸

2. 单电控电磁换向阀、电磁阀组

在自动控制中,方向控制阀常采用电磁控制方式实现方向控制,称为电磁换向阀。电磁换向阀是利用其电磁线圈通电时,静铁芯对动铁芯产生电磁吸力吸合阀芯,断电时阀芯在弹簧的作用下复位,达到改变气流方向的目的。图1-6所示是单电控二位三通电磁换向阀的工作原理示意图。

"位"指的是阀芯相对于阀体所具有的不同的工作位置,有几种位置状态就是"几位";"通"的含义则指换向阀与系统相连的通口,有几个通口即为"几通"。图 1 - 6 中,只有两个工作位置,具有供气口 P、工作口 A 和排气口 R,故为二位三通阀。

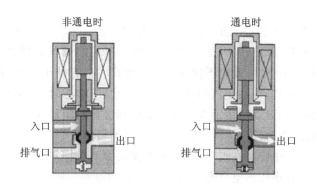

(a) 单电控二位三通电磁换向阀

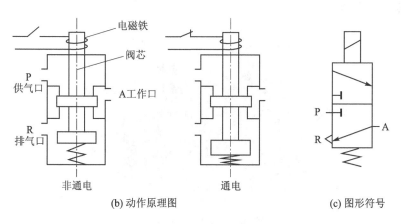

(b) 动作原理图　　　　　　　　　(c) 图形符号

图 1 - 6　单电控电磁换向阀的工作原理

在电磁换向图形符号中,用方格表示"位",有"几位"就用几个方格来表示;用方格内的线条与方格的交点数表示"通",方格内的线条与方格边框有几个交点就表示"几通";方格中的┳和┴表示各接口相互不通用;符号中用�表示电磁铁,用⋀⋀⋀表示弹簧。图 1 - 7 中的图形符号分别表示为二位三通、二位四通和二位五通单电控电磁换向阀,弹簧复位。

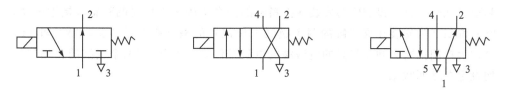

图 1 - 7　部分单电控电磁换向阀的图形符号

YL-335B所有工作单元的执行气缸都是双作用气缸,因此控制它们工作的电磁阀需要有两个工作口、两个排气口、一个供气口,故使用的电磁阀均为二位五通电磁阀。

供料单元用了两个二位五通的单电控电磁阀。这两个电磁阀带有手动换向加锁钮,有锁定(LOCK)和开启(PUSH)两个位置。当用小螺丝刀把加锁钮旋到 LOCK 位置时,手控开关向下凹,此时不能进行手控操作。只有处于 PUSH 位置时,可用工具向下按,信号为"1",等同于该侧的电磁信号为"1";常态时,手控开关的信号为"0"。在进行设备调试时,可以使用手控开关对电磁阀进行控制,从而实现对相应气路的控制,以改变推料缸等执行机构的控制,达到调试的目的。

两个电磁阀集中安装在汇流板上,而汇流板中两个排气口末端均连接了消声器。消声器的作用是减小压缩空气在向大气排放时的噪声。这种将多个阀与消声器、汇流板等集中在一起构成的一组控制阀的集成称为阀组,而每个阀的功能是彼此独立的。电磁阀的结构如图 1-8 所示。

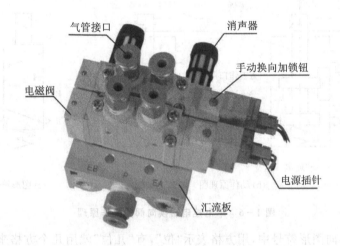

图 1-8 电磁阀组

3. 气动控制回路

气动控制回路是本工作单元的执行机构,该执行机构的逻辑控制功能是由 PLC 实现的。气动控制回路的工作原理如图 1-9 所示。图中 1A 和 2A 分别为推料气缸和顶料气缸。1B1 和 1B2 为安装在推料缸的两个极限工作位置的磁感应接近开关,2B1 和 2B2 为安装在推料缸的两个极限工作位置的磁感应接近开关。1Y1 和 2Y1 分别为控制推料缸和顶料缸的电磁阀的电磁控制端。通常,这两个气缸的初始位置均设定在缩回状态。

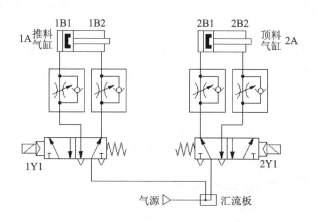

图 1-9 供料单元气动控制回路工作原理图

1.3.2 传感器的选择与检测

　　传感器是机械本体与控制装置的"纽带"与"桥梁"。它把代表机械本体的工作状态、生产过程等非电量工业参数,利用各种物理、化学效应以及生物效应转换成电量参数,从而便于采用控制装置使控制对象按给定的规律变化,推动执行机构适时地调整机械本体的各种工业参数,使机械本体处于自动运动状态,并实行自动监视和自动保护。简单说,传感器是将外界信号转换为电信号的装置。

　　传感器的种类繁多,变换原理各异,具体内容参考本项目的知识拓展部分。鉴于YL-335B各工作单元所使用的传感器都是接近传感器,这里只介绍接近传感器。

　　接近传感器也称为接近开关,利用传感器对所接近的物体具有的敏感特性来识别物体的接近,并输出相应开关信号。接近传感器有多种检测方式,包括利用电磁感应引起的检测对象的金属体中产生的涡电流的方式、捕捉检测体的接近引起的电气信号的容量变化的方式、利用磁石和引导开关的方式、利用光电效应和光电转换器件作为检测元件等。YL-335B所使用的是磁感应式接近开关(或称磁性开关)、电感式接近开关、漫反射光电开关和光纤型光电传感器等。光纤型光电传感器留待在项目三"相关知识"中介绍。

1. 磁性开关

　　YL-335B所使用的气缸都是带磁性开关的气缸。这些气缸的缸筒采用导磁性弱、隔磁性强的材料,如硬铝、不锈钢等。在非磁性体的活塞上安装一个永久磁铁的磁环,这样就提供了一个反映气缸活塞位置的磁场。而安装在气缸外侧的磁性开关则是用来检测气缸活塞位置,即活塞运动行程的。

　　有触点式的磁性开关用舌簧开关作磁场检测元件。舌簧开关成型于合成树脂块内,并且一般还有动作指示灯,过电压保护电路也塑封在内。图 1-10 是带磁性开关的气缸工作原理图。当气缸中随活塞移动的磁环靠近开关时,舌簧开关的两根簧片被磁化而相互吸引,触点闭合;当磁环远离开关后,簧片失磁,触点断开。触点闭合或断开时发出电控信号,在 PLC 的自动控制中,可利用该信号判断推料及顶料缸的运动状态或所处的位置,以确定工件是否被推出或气缸是否返回。

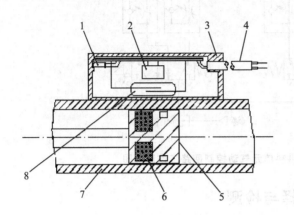

1—动作指示灯;2—保护电路;
3—开关外壳;4—导线;
5—活塞;6—磁环(永久磁铁);
7—缸筒;8—舌簧开关

图 1 - 10   带磁性开关的气缸工作原理图

在磁性开关上设置的 LED 用于显示其信号状态,供调试时使用。磁性开关动作时,输出信号"1",LED 亮;磁性开关不动作时,输出信号"0",LED 不亮。

磁性开关的安装位置可以调整,调整方法是松开它的紧定螺栓,让磁性开关顺着气缸滑动,到达指定位置后,再旋紧紧定螺栓。

磁性开关有蓝色和棕色 2 根引出线,使用时蓝色引出线应连接到 PLC 输入公共端,棕色引出线应连接到 PLC 输入端。磁性开关的内部电路如图 1 - 11 中虚线框内所示。

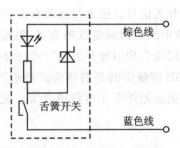

图 1 - 11   磁性开关内部电路

2. 电感式接近开关

电感式接近开关是利用电涡流效应制作的传感器。电涡流效应是指,当金属物体处于一个交变的磁场中时,在金属内部会产生交变的电涡流,该涡流又会反作用于产生它的磁场。如果这个交变的磁场是由一个电感线圈产生的,则这个电感线圈中的电流就会发生变化,用于平衡涡流产生的磁场。

利用这一原理,以高频振荡器(LC 振荡器)中的电感线圈作为检测元件,当被测金属物体接近电感线圈时产生了涡流效应,引起振荡器振幅或频率的变化,由传感器的信号调理电路(包括检波、放大、整形、输出等电路)将该变化转换成开关量输出,从而达到检测的目的。电感式传感器工作原理如图 1-12 所示。供料单元中,为了检测待加工工件是否是金属材料,在供料管底座侧面安装了一个电感式传感器,如图 1-13 所示。

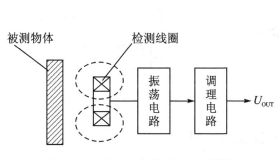

图 1-12　电感式传感器工作原理图

图 1-13　供料单元上安装
的电感式传感器

在接近开关的选用和安装中,必须认真考虑检测距离、设定距离,以保证生产线上的传感器可靠动作。安装距离注意说明如图 1-14 所示。

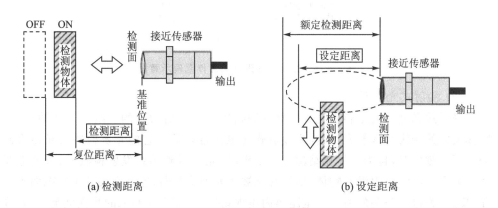

(a) 检测距离　　　　　　　　　　　　(b) 设定距离

图 1-14　安装距离注意说明

3. 漫射式光电接近开关

（1）光电式接近开关

"光电传感器"是利用光的各种性质,检测物体的有无和表面状态的变化等的传感器。其中输出形式为开关量的传感器为光电式接近开关。

光电式接近开关主要由光发射器和光接收器构成。如果光发射器发射的光线因检测物体不同而被遮掩或反射,那么到达光接收器的量将会发生变化。光接收器的敏感元件将检测出这种变化,并转换为电气信号进行输出。大多使用可视光(主要为红色,也用绿色、蓝色来判断颜色)和红外光。

按照接收器接收光的方式的不同,光电式接近开关可分为对射式、反射式和漫射式 3 种,如图 1-15 所示。

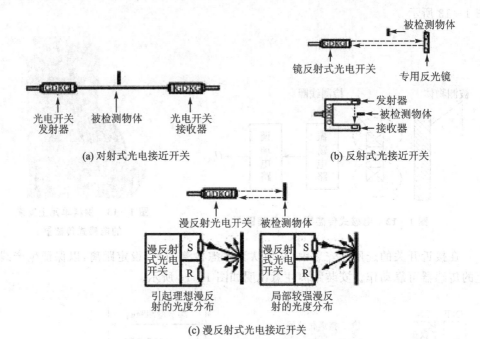

(a) 对射式光电接近开关

(b) 反射式光接近开关

(c) 漫反射式光电接近开关

图 1-15　光电式接近开关工作原理示意图

(2) 漫射式光电开关

漫射式光电开关是利用光照射到被测物体上后反射回来的光线而工作的,由于物体反射的光线为漫射光,故称为漫射式光电接近开关。它的光发射器与光接收器处于同一侧位置,且为一体化结构。在工作时,光发射器始终发射检测光,若接近开关的前方一定距离内没有物体,则没有光被反射到接收器,接近开关处于常态而不动作;反之,若接近开关的前方一定距离内出现物体,只要反射回来的光强度足够,则接收器接收到足够的漫射光就会使接近开关动作而改变输出的状态。图 1-15(c)为漫射式光电接近开关的工作原理示意图。

供料单元中,用来检测工件不足或工件有无的漫射式光电接近开关选用OMRON 公司的 E3Z-L61 型放大器内置型光电开关(细小光束型,NPN 型晶体管集电极开路输出)。该光电开关上的调节旋钮和显示灯如图 1-16 所示。

图中动作转换开关的功能是选择受光动作(Light)模式或遮光动作 (Drag)模式。当此开关按顺时针方向充分旋转时(L 侧),进入检测-ON 模式;当此开关按逆时针方向充分旋转时(D 侧),进入检测-OFF 模式。

距离设定旋钮是回转调节器,调整距离时注意逐步轻微旋转,若充分旋转,距离调节器会空转。调整的方法是,首先按逆时针方向将距离调节器充分旋转到最小检测距离(E3Z-L61 约 20 mm),然后根据要求距离放置检测物体,按顺时针方向逐步旋转距离调节器,找到传感器进入检测条件的点;拉开检测物体距离,按顺时针方向进一步旋转距离调节器,找到传感器再次进入检测状态,一旦进入,向后旋转距离调节器,直到传感器回到非检测状态的点。两点之间的中点为稳定检测物体的最佳位置。

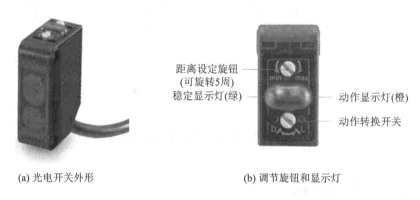

(a) 光电开关外形　　　　　　　　(b) 调节旋钮和显示灯

图 1-16　E3Z-L61 光电开关的外形和调节旋钮、显示灯

图 1-17 所示为 E3Z-L61 光电开关的内部电路原理图。

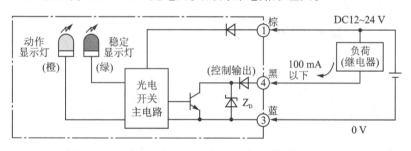

图 1-17　E3Z-L61 光电开关电路原理图

用来检测物料台上有无物料的光电开关是一个圆柱形漫射式光电接近开关,工作时向上发出光线,透过小孔检测是否有工件存在。该光电开关选用 SICK 公司的产品 MHT15-N2317 型,其外形如图 1-18 所示。

4. 接近开关的图形符号

部分接近开关的图形符号如图 1-19 所示。图中(a)、(b)、(c)三种情况均使用 NPN 型三极管集电极开路输出。如果是使用 PNP 型的,正负极性应反过来。

图 1 - 18　MHT15 - N2317 光电开关外形

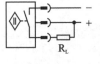

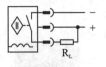
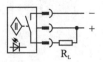

(a) 通用图形符号　　　(b) 电感式接近开关　　　(c) 光电式接近开关　　　(d) 磁性开关

图 1 - 19　接近开关的图形符号

1.4　供料单元安装技能训练

1.4.1　训练目标

将供料单元拆开成组件和零件的形式,然后再组装成原样,安装内容包括机械部分装配,气路连接和调整,电气接线。

1.4.2　安装步骤和方法

1. 机械部分装配

首先把供料站各零件组合成整体安装时的组件,然后组装组件。组合成的组件包括铝合金型材支撑架组件、物料台及料仓底座组件和推料机构组件,如图 1 - 20所示。

各组件装配好以后,用螺栓把它们连接为总体,再用橡皮锤把装料管敲入料仓底座。然后将连接好的供料站机械部分以及电磁阀组、PLC、接线端子排固定在底板上,最后固定底板完成供料站的安装。

安装过程中应注意:

① 装配铝合金型材支撑架时,注意调整好各条边的平行及垂直度,锁紧螺栓。

② 气缸安装板和铝合金型材支撑架的连接,是靠预先在特定位置的铝合金型材T 形槽中放置预留与之相配的螺母实现的,因此在对该部分的铝合金型材进行连接时,一定要在相应的位置放置相应的螺母。如果没有放置螺母或没有放置足够多的螺母,则无法安装或安装不可靠。

③ 机械机构固定在底板上时,需要将底板移动到操作台的边缘,螺栓从底板的

(a) 铝合金型材支撑架

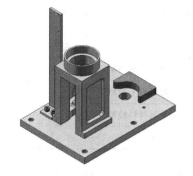
(b) 物料台及料仓底座

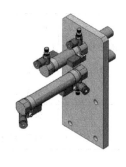
(c) 推料机构

图 1-20　供料单元组件

反面拧入,将底板和机械机构部分的支撑型材连接起来。

2. 气路连接和调试

连接步骤:从汇流板开始,按图 1-9 所示的气动控制回路原理图连接电磁阀、气缸。连接时注意气管走向应按序排布,均匀美观,不能交叉、打折;气管要在快速接头中插紧,不能有漏气现象。

气路调试包括:

① 用电磁阀上的手动换向加锁钮验证顶料气缸和推料气缸的初始位置和动作位置是否正确。

② 调整气缸节流阀以控制活塞杆的往复运动速度,伸出速度以不推倒工件为准。

3. 电气接线

电气接线包括:在工作单元装置侧完成各传感器、电磁阀、电源端子等引线到装置侧接线端口之间的接线;在 PLC 侧进行电源连接、I/O 点接线等。

供料单元装置侧的接线端口上各电磁阀和传感器的引线安排如表 1-1 所列。

表 1-1　供料单元装置侧的接线端口信号端子的分配

输入端口中间层			输出端口中间层		
端子号	设备符号	信号线	端子号	设备符号	信号线
2	1B1	顶料到位	2	1Y	顶料电磁阀
3	1B2	顶料复位	3	2Y	推料电磁阀
4	2B1	推料到位			
5	2B2	推料复位			
6	SC1	出料台物料检测			

输入端口中间层			输出端口中间层		
端子号	设备符号	信号线	端子号	设备符号	信号线
7	SC2	物料不足检测			
8	SC3	物料有无检测			
9	SC4	金属材料检测			
10#~17#端子没有连接			4#~14#端子没有连接		

接线时应注意,装置侧接线端口中,输入信号端子的上层端子(+24 V)只能作为传感器的正电源端,切勿用于电磁阀等执行元件的负载。电磁阀等执行元件的正电源端和 0 V 端应连接到输出信号下层端子的相应端子上。装置侧接线完成后,应用扎带绑扎,力求整齐美观。

PLC 侧的接线,包括电源接线、PLC 的 I/O 点和 PLC 侧接线端口之间的连线、PLC 的 I/O 点与按钮指示灯模块端子之间的连线,具体接线要求与工作任务有关。

电气接线的工艺应符合国家职业标准的规定,例如,导线连接到端子时,采用压紧端子压接方法;连接线须有符合规定的标号;每一端子连接的导线不超过 2 根等。

1.5　供料单元的 PLC 控制系统

1.5.1　工作任务

本项目只考虑供料单元作为独立设备运行时的情况。单元工作的主令信号和工作状态显示信号来自 PLC 旁边的按钮/指示灯模块,并且,按钮/指示灯模块上的工作方式选择开关 SA 置于"单站方式"位置。具体的控制要求如下:

① 设备上电和气源接通后,若工作单元的两个气缸均处于缩回位置,且料仓内有足够的待加工工件,则"正常工作"指示灯 HL1 常亮,表示设备准备好;否则,该指示灯以 1 Hz 的频率闪烁。

② 设备准备好,按下启动按钮,工作单元启动,"设备运行"指示灯 HL2 常亮。启动后,若出料台上没有工件,则应把工件推到出料台上。出料台上的工件被人工取出后,若没有停止信号,则进行下一次推出工件操作。

③ 若在运行中按下停止按钮,则在完成本工作周期任务后,各工作单元停止工作,HL2 指示灯熄灭。

④ 若在运行中料仓内工件不足,则工作单元继续工作,但"正常工作"指示灯 HL1 以 1 Hz 的频率闪烁,"设备运行"指示灯 HL2 保持常亮。若料仓内没有工件,

则 HL1 指示灯和 HL2 指示灯均以 2 Hz 的频率闪烁。工作站在完成本周期任务后停止。除非向料仓补充足够的工件,否则工作站不能再启动。

要求完成如下任务:

① 规划 PLC 的 I/O 分配及接线端子分配。

② 进行系统安装接线。

③ 按控制要求编制 PLC 程序。

④ 进行调试与运行。

1.5.2　PLC 的 I/O 接线

根据供料单元 PLC 的 I/O 信号分配和工作任务的要求,供料单元 PLC 选用 S7 - 224 AC/DC/RLY 主单元,共 14 点输入和 10 点继电器输出。PLC 的 I/O 信号分配如表 1 - 2 所列,接线原理图则见图 1 - 21。

表 1 - 2　供料单元 PLC 的 I/O 信号分配

输入信号				输出信号			
序号	PLC 输入点	信号名称	信号来源	序号	PLC 输出点	信号名称	信号来源
1	I0.0	顶料气缸伸出到位	装置侧	1	Q0.0	顶料电磁阀	装置侧
2	I0.1	顶料气缸缩回到位		2	Q0.1	推料电磁阀	
3	I0.2	推料气缸伸出到位		3	Q0.2		
4	I0.3	推料气缸缩回到位		4	Q0.3		
5	I0.4	出料台物料检测		5	Q0.4		
6	I0.5	供料不足检测		6	Q0.5		
7	I0.6	缺料检测		7	Q0.6		
8	I0.7	金属工件检测		8	Q0.7		
9	I1.0		按钮/指示灯模块	9	Q1.0	正常工作指示	按钮/指示灯模块
10	I1.1			10	Q1.1	运行指示	
11	I1.2	停止按钮					
12	I1.3	启动按钮					
13	I1.4						
14	I1.5	工作方式选择					

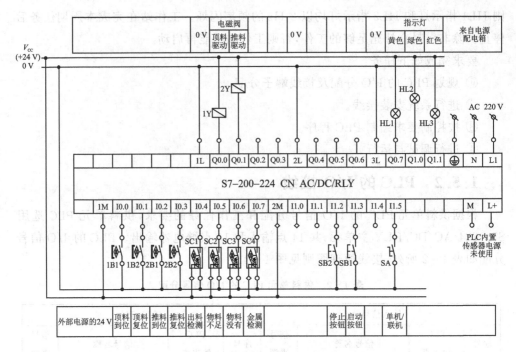

图 1-21 供料单元 PLC 的 I/O 接线原理图

1.5.3 供料单元单站控制的编程思路

① 程序结构:有两个子程序,一个是系统状态显示子程序,另一个是供料控制子程序。主程序在每一扫描周期都调用系统状态显示子程序,但只有在运行状态已经建立才可能调用供料控制子程序。

② PLC 上电后应首先进入初始状态检查阶段,确认系统已经准备就绪后,才允许投入运行,这样可及时发现存在的问题,避免出现事故。例如,若两个气缸在上电和气源接入时不在初始位置,这是气路连接错误的缘故,显然在这种情况下不允许系统投入运行。通常的 PLC 控制系统往往有这种常规的要求。

③ 供料单元运行的主要过程是供料控制,它是一个步进顺序控制过程。

④ 如果没有停止要求,顺序控制过程将周而复始地不断循环。常见的顺序控制系统正常停止要求是,接收到停止指令后,系统在完成本工作周期任务(即返回到初始步)后才停止下来。

⑤ 当料仓中最后一个工件被推出后,将发生缺料报警。推料气缸复位到位,亦即完成本工作周期任务(即返回到初始步)后,也应停止下来。

按上述分析,可画出如图 1-22 所示的系统主程序梯形图。

供料控制子程序的步进顺序流程如图 1-23 所示。图中,初始步 S0.0 在主程序中,当系统准备就绪且接收到启动脉冲时被置位。

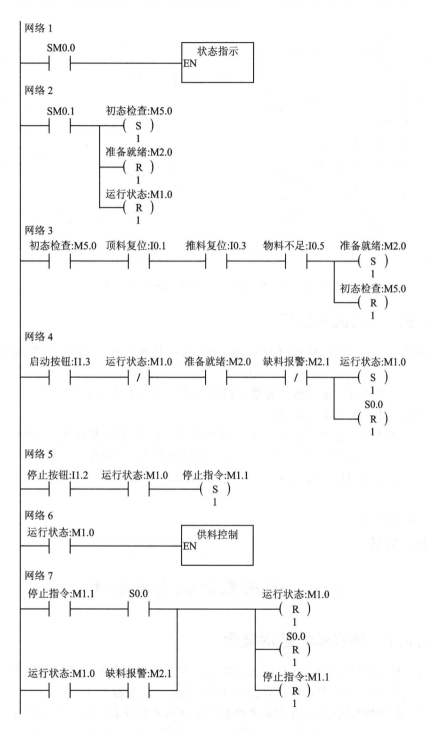

图 1－22 主程序梯形图

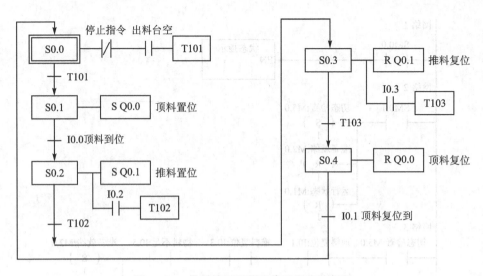

图 1 - 23 供料控制子程序步进顺序流程图

1.5.4 调试与运行

① 调整气动部分,检查气路是否正确,气压是否合理,气缸的动作速度是否合理。

② 检查磁性开关的安装位置是否到位,磁性开关工作是否正常。

③ 检查 I/O 接线是否正确。

④ 检查光电传感器安装是否合理,灵敏度是否合适,保证检测的可靠性。

⑤ 放入工件,运行程序,看加工单元动作是否满足任务要求。

⑥ 调试各种可能出现的情况,比如在任何情况下都有可能加入工件,系统都要能可靠工作。

⑦ 优化程序。

知识拓展

1.6 传感器的概念与分类

1.6.1 传感器的基本概念

传感器是利用各种物理、化学效应以及生物效应实现非电量到电量转换的装置或器件。简单说,传感器是将外界信号转换为电信号的装置。

在工业控制领域中,只有准确地检测才能有精确的控制。这句话生动地反映了传感器在工业生产中的重要地位。机电一体化系统一般由机械本体、传感器、控制装置和执行机构四部分组成,如图 1 - 24 所示。

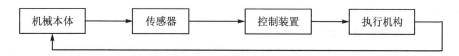

图 1-24　机电一体化系统的组成

传感器把代表机械本体的工作状态、生产过程等工业参数转换成电量,从而便于采用控制装置使控制对象按给定的规律变化,推动执行机构适时地调整机械本体的各种工业参数,使机械本体处于自动运动状态,并实行自动监视和自动保护。显然,传感器是机械本体与控制装置的"纽带"与"桥梁"。

人类感觉器官从自然界获取信息,再将信息输入大脑进行分析、判断和处理,由大脑指挥肢体做出相应的动作。这是人类认识和改造世界的最基本模式。机电一体化设备的控制器如人的大脑,传感器如人的五官,执行器如人的四肢,便有了工业机器人。传感器的耐高温、高湿能力及高精度、超精细等特点是人的感觉器官所不能比拟的。

1.6.2　传感器的基本构成

传感器通常由敏感元件、传感元件和测量转换电路构成,如图 1-25 所示。其中,敏感元件是指传感器中能直接感受被测量的部分,传感元件(也称转换元件)是指传感器中能将敏感元件输出的非电量信号转换为适于传输和测量的电信号的元器件。传感器输出的信号一般都很微弱,所以需要有测量转换电路将其放大或转化为容易传输、处理、记录和显示的形式。

图 1-25　传感器的基本构成

传感器输出信号有很多形式,如电压、电流、频率、脉冲等,输出信号的形式由传感器的原理确定。常见的信号调节与转换电路有放大器、电桥、振荡器、电荷放大器等,它们分别与相应的传感器相配合。

1.6.3　传感器的分类

传感器的分类方法很多,常用的分类方法如下:

1. 按工作原理分类

按工作原理,可分为参量传感器、发电传感器、脉冲传感器及特殊传感器。其中参量传感器有触点传感器、电阻传感器、电感传感器、电容传感器等;发电传感器有光电池、热电偶传感器、压电式传感器、磁电式传感器等;脉冲传感器有光栅、磁栅、感应同步器、码盘等;特殊传感器不属于以上三种类型的传感器,如超声波探测器、红外探测器、激光检测装置等。

2. 按被测量性质分类

按被测量性质,可分为机械量传感器、热工量传感器、成分量传感器、状态量传感器、探伤传感器等。其中机械量传感器检测力、长度、位移、速度、加速度等;热工量传感器检测温度、压力、流量等;成分量传感器检测各种气体、液体、固体化学成分等,如检测可燃气泄漏的气敏传感器;状态量传感器检测设备运行状态,如由舌簧管、霍尔元件做成的各种接近开关;探伤传感器检测金属制品内部的气泡和裂纹、人体内部器官的病灶等,如超声波探伤探头、CT 探测器等。

3. 按输出量种类分类

按输出量种类,可分成模拟式传感器和数字式传感器。模拟式传感器输出与被测量成一定关系的模拟信号,如果需要与计算机配合或用数字显示,还必须经过模/数转换电路。数字式传感器输出的数字量,可直接与计算机连接或用数字显示,读取方便,抗干扰能力强。

传感器常常按工作原理及被测量性质两种分类方式合二为一进行命名。例如:电感式位移传感器、光电式转速计、压电式加速度计等。这种命名使被测量与传感器的工作原理一目了然,便于使用者正确选用。

1.7 典型常用传感器

传感器是摄取信息的关键器件,它与通信技术和计算机技术构成了信息技术的三大支柱,是现代信息系统和各种装备不可缺少的信息采集手段,也是采用微电子技术改造传统产业的重要方法,对提高经济效益、科学研究与生产技术的水平有着举足轻重的作用。传感器技术水平高低不但直接影响信息技术水平,而且还影响信息技术的发展与应用。目前,传感器技术已渗透到科学和国民经济的各个领域,在工农业生产、科学研究及改善人民生活等方面,起着越来越大的作用。许多尖端科学和新兴技术更是需要新型传感器技术来装备,计算机的推广应用,离不开传感器,新型传感器与计算机相结合,不但使计算机的应用进入了崭新时代,也为传感器技术展现了一个更加广阔的应用领域和发展前景。

1.7.1 温度传感器

温度是表征物体冷热程度的物理量,是工农业生产过程中一个很重要而普遍的测量参数。温度的测量及控制对保证产品质量、提高生产效率、节约能源、安全生产、促进国民经济的发展起到非常重要的作用。由于温度测量的普遍性,温度传感器的数量在各种传感器中居首位,约占 50%。

温度传感器是通过物体随温度变化而改变某种特性来间接测量的。不少材料、元件的特性都随温度的变化而变化,所以能用作温度传感器的材料相当多。温度传感器随温度变化而引起物理参数变化的有:膨胀、电阻、电容、电动势、磁性能、频率、光学特性及热噪声等。随着生产的发展,新型温度传感器还会不断涌现。

　　工农业生产中温度测量的范围极宽,从零下几百摄氏度到零上几千摄氏度,而各种材料做成的温度传感器只能在一定的温度范围内使用。常用的测温传感器的种类与测温范围如表 1-3 所列。

表 1-3　常用的测温传感器的种类与测温范围

测量原理	种　类	测温范围/℃	特　征
体积热膨胀	玻璃制水银温度计	$-20\sim+350$	不需要用电
	玻璃制有机液体温度计	$-100\sim+100$	
	双金属温度计	$0\sim300$	
	液体压力温度计	$-200\sim+350$	
	气体压力温度计	$-250\sim+550$	
电阻变化	铜电阻	$-50\sim+150$	精度中等,价格低
	铂电阻	$-200\sim+600$	精度高,价格高
	热敏电阻	低温 $-200\sim0$	精度低,灵敏度高,价格最低
		一般 $-50\sim+30$	
		中温 $0\sim700$	
热电效应	镍铬-考铜	$-200\sim+800$	测量范围宽,精度高,需要冷端补偿
	镍铬-镍硅	$-200\sim+1\,250$	
	铂铑$_{10}$-铂	$200\sim1\,400(0\sim1\,700)$	
	铂铑$_{30}$-铂铑	$200\sim1\,500(100\sim1\,900)$	
PN 结结电压变化	半导体二极管	$-150\sim150(\mathrm{Si})$	灵敏度高,线性度好,二极管一类价格低
晶体管特性变化	晶体管	$-150\sim150$	
	半导体集成电路	$-40\sim+150$	
压电反应	石英晶体振荡器	$-100\sim+200$	可作标准使用
频率变化	SAW 振荡元件	$0\sim200$	
光学变化	光学高温度计	$900\sim2\,000$	非接触测量
热辐射	辐射源温度传感器	$100\sim2\,000$	
磁性变化	热铁素体	$-80\sim+150$	在特定温度下变化
	Fe-Ni-Cu 合金	$0\sim350$	
电容变化	$BaSrT_2O_3$ 陶瓷	$-270\sim+150$	温度与电容成倒数
物质颜色	示温涂料	$0\sim1\,300$	检测温度不连续
	液晶	$0\sim100$	颜色连续变化

　　温度传感器与被测介质的接触方式分为两大类:接触式和非接触式。接触式温度传感器需要与被测介质保持热接触,使两者进行充分的热交换而达到同一温度。这一类传感器主要有电阻式、热电偶、PN 结温度传感器等。非接触式温度传感器无

需与被测介质接触,而是通过被测介质的热辐射或对流传到温度传感器上,以达到测温的目的。这一类传感器主要有红外测温传感器。这种测温方法的主要特点是可以测量运动状态物质的温度(如慢速行使的火车的轴承温度,旋转着的水泥窑的温度)及热容量小的物体(如集成电路中的温度分布)。

温度传感器的种类较多,下面介绍 PN 结温度传感器的工作原理。

晶体二极管或三极管的 PN 结的结电压是随温度而变化的。例如硅管的 PN 结的结电压在温度每升高 1 ℃时,下降 −2 mV,利用这种特性,一般可以直接采用二极管(如玻璃封装的开关二极管 1N4148),或用硅三极管(可将集电极和基极短接)接成二极管来做 PN 结温度传感器。这种传感器有较好的线性,尺寸小,其热时间常数为 0.2～2 s,灵敏度高,测温范围为 −50～+150 ℃。典型的温度曲线如图 1-26 所示。同型号的二极管或三极管的特性不完全相同,因此它们的互换性较差。

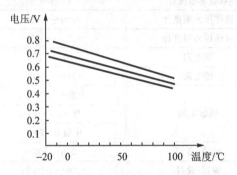

图 1-26 PN 结温度传感器的温度曲线

图 1-27 是采用 PN 结温度传感器的数字式温度计,测温范围为 −50～150 ℃,分辨率为 0.1 ℃,在 0～100 ℃范围内精度可达 ±1 ℃。

图 1-27 中的 R1、R2、D、W1 组成测温电桥,其输出信号接差动放大器 A1,经放大后的信号输入 0～±2.000 V 数字式电压表(DVM)显示。放大后的灵敏度为 10 mV/℃。A2 接成电压跟随器,与 W2 配合可调节放大器 A1 的增益。

通过 PN 结温度传感器的工作电流不能过大,以免二极管自身的温升影响测量精度。一般工作电流为 100～300 mA。采用恒流源作为传感器的工作电流较为复杂,一般采用恒压源供电,但必须有较好的稳压精度。

精确的电路调整非常重要,可以采用广口瓶装入碎冰渣(带水)作为 0 ℃的标准,采用恒温水槽或油槽及标准温度计作为 100 ℃或其他温度标准。在没有恒水槽时,可用沸水作为 100 ℃的标准(由于各地的气压不同,其沸点不一定是 100 ℃,可用 0～100 ℃的水银温度计来校准)。

将 PN 结传感器插入碎冰渣广口瓶中,等温度平衡,调整 W1,使 DVM 显示为 0 V;将 PN 结传感器插入沸水中(设沸水为 100 ℃),调整 W2,使 DVM 显示为 100.0 V。若沸水温度不是 100 ℃,可按照水银温度计上的读数调整 W2,使 DVM

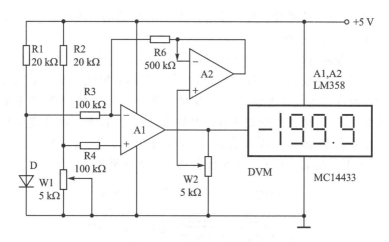

图 1-27 采用 PN 结温度传感器的数字式温度计

显示值与水银温度计的数值相等。再将传感器插入 0 ℃环境中,等平衡后看显示是否仍为 0 V,必要时再调整 W1 使之为 0 V;然后再插入沸水,看是否与水银温度计的计数相等,经过几次反复调整即可。

图 1-27 中的 DVM 是通用 3 位半数字电压表模块 MC14433,可以装入仪表及控制系统中作为显示器。MC14433 的应用电路可参考常用 A/D 转换器的技术手册。

1.7.2　力传感器

力学传感器是将各种力学量转换为电信号的器件,力学量可分为几何学量、运动学量及力学量三部分。其中,几何学量指的是位移、形变、尺寸等;运动学量是指几何学量的时间函数,如速度、加速度等;力学量包括质量、力、力矩、压力、应力等。根据被测力学量的不同,我们首先介绍的是应用最为广泛的应变式压力传感器。

力学传感器的种类繁多,如电阻应变片压力传感器、半导体应变片压力传感器、压阻式压力传感器、电感式压力传感器、电容式压力传感器、谐振式压力传感器及电容式加速度传感器等。但应用最为广泛的是压阻式压力传感器,它具有极低的价格、较高的精度以及较好的线性特性。下面主要介绍这类传感器。

在了解压阻式力传感器时,我们首先认识一下电阻应变片这种元件。电阻应变片是一种将被测件上的应变变化转换成一种电信号的敏感器件。它是压阻式应变传感器的主要组成部分之一。电阻应变片应用最多的是金属电阻应变片和半导体应变片两种。金属电阻应变片又有丝状应变片和金属箔状应变片两种。通常是将应变片通过特殊的粘合剂紧密地粘合在产生力学应变的基体上,当基体受力发生应力变化时,电阻应变片也一起产生形变,使应变片的阻值发生改变,从而使加在电阻上的电压发生变化。这种应变片在受力时产生的阻值变化通常较小,一般这种应变片都组成应变电桥,并通过后续的仪表放大器进行放大,再传输给处理电路(通常是 A/D 转换和 CPU)显示或执行机构。

图 1-28 为金属电阻应变片的内部结构,是电阻应变片的结构示意图,它由基体材料、金属应变丝或应变箔、绝缘保护片和引出线等部分组成。根据不同的用途,金属应变片的阻值可以由设计者设计,但电阻的取值范围应注意:若阻值太小,则所需的驱动电流太大,同时应变片的发热致使本身的温度过高,不同的环境中使用,应变片的阻值变化太大,输出零点漂移明显,调零电路过于复杂;若电阻太大,则阻抗太高,抗外界的电磁干扰能力较差。一般阻值均为几十欧至几十千欧。

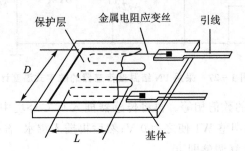

保护层　　金属电阻应变丝　　引线

D

L　　基体

图 1-28　金属电阻应变片的内部结构

金属电阻应变片的工作原理:吸附在基体材料上的应变电阻随机械形变而产生阻值变化的现象,称为电阻应变效应。金属导体的电阻值可用下式表示:

$$R = \rho \frac{L}{S} \tag{1-1}$$

式中:ρ——金属导体的电阻率,$\Omega \cdot cm^2/m$;

　　　S——导体的截面积,cm^2;

　　　L——导体的长度,m。

下面以金属丝应变电阻为例,当金属丝受外力作用时,其长度和截面积都会发生变化,从式(1-1)可以很容易看出,其电阻值即会发生改变,假如金属丝受外力作用而伸长时,其长度增加,而截面积减小,那么电阻值便会增大。当金属丝受外力作用而压缩时,其长度减小,而截面积增大,电阻值则会减小。只要测出加在电阻上的电压的变化(通常是测量电阻两端的电压),即可获得应变金属丝的应变情况。

1.7.3　湿度传感器

1. 大气的湿度及露点

地球表面的大气层是由 78% 的氮气、21% 的氧气,一小部分二氧化碳、水汽以及其他一些惰性气体混合而成的。由于地面上的水和动植物会发生水分蒸发现象,因而地面上不断地在生成水分,使大气中含有水汽的量在不停地变化。由于水分的蒸发及凝结的过程总是伴随着吸热和放热,因此大气中的水汽的多少不但会影响大气的湿度,而且使空气出现潮湿或干燥现象。大气的干湿程度,通常是用大气中水汽的密度来表示的,即用每 1 m³ 大气所含水汽的克数来表示,它称为大气的绝对湿度。

要想直接测量出大气的水汽密度,方法比较复杂。而理论计算表明,在一般的气温条件下,大气的水汽密度,与大气中水汽的压强数值十分接近。所以大气的水汽密度又可以规定为大气中所含水汽的压强,又把它称为大气的绝对湿度,用符号 D 表示,常用的单位是 mmHg。

在许多与大气的湿度有关的现象里,如农作物的生长、绵纱的断头、人们的感觉等,都与大气的绝对湿度没有直接的关系,主要与大气中的水汽离饱和状态的远近程度有关。比如,同样是 6 mmHg 的绝对湿度,如果在炎热的夏季中午,由于离当时的饱和水汽压(31.38 mmHg)尚远,使人感到干燥;如果是在初冬的傍晚,由于水汽压接近当时的饱和水汽压(18.05 mmHg),从而使人感到潮湿。因此通常把大气的绝对湿度跟当时气温下饱和水汽压的百分比称为大气的相对湿度,即

$$H = \frac{D}{D_s} \times 100\% (\text{RH}) \tag{1-2}$$

式中:H——相对湿度;

　　D——大气的绝对湿度,mmHg;

　　D_s——当时气温下的饱和水汽压,mmHg。

式(1-2)表明,若大气中所含水汽的压强等于当时气温下的饱和水汽压,则这时大气的相对湿度等于 100%RH。

降低温度可以使未饱和水汽变成饱和水汽。露点就是指使大气中原来所含有的未饱和水汽变成饱和水汽所必须降低的温度。因此只要能测出露点,就可以通过一些数据表查得到当时大气的绝对湿度。

当大气中的未饱和水汽接触到温度较低的物体时,就会使大气中的未饱和水汽达到或接近饱和状态,在这些物体上凝结成水滴。这种现象被称为结露。结露对农作物有利,但对电子产品则是有害的。

2. 湿敏传感器的分类

水是一种极强的电解质。水分子有较大的电偶极矩,在氢原子附近有极大的正电场,因而它有很大的电子亲和力,使得水分子易吸附在固体表面并渗透到固体内部。利用水分子这一特性制成的湿度传感器称为水分子亲和力型传感器。而把与水分子亲和力无关的湿度传感器称为非水分子亲和力型传感器。在现代工业上使用的湿度传感器大多是水分子亲和力型传感器,它们将湿度的变化转换为阻抗或电容值的变化后输出,图 1-29 是湿度传感器的分类示意图。

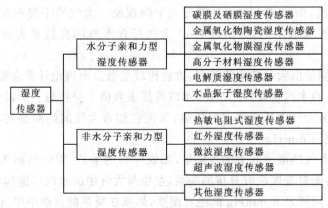

图 1－29　湿度传感器的分类示意图

1.7.4　流量传感器

1. 电磁式流量传感器的工作原理及使用

具有导电性的液体在流动时切割磁力线,也会产生感生电动势,因此可应用电磁感应定律来测定流速。电磁流量传感器就是根据这一原理制成的。

图 1－30 是电磁式流量传感器的工作原理图。在励磁线圈通以励磁电压后,绝缘导管便处于磁力线密度为 B 的均匀磁场中,当平均流速为 $\bar{v}$ 的导电性液体流经绝缘导管时,在导线内径为 D 的管道壁上设置的一对电极中,便会产生如下式所表示的电动势 e,即

$$e = B\bar{v}D \tag{1-3}$$

式中：$\bar{v}$——液体的平均流速,m/s；

B——磁场的磁通密度,T；

D——导管的内径,m；

液体流动的容积流量 $Q(\mathrm{m^3/s})$ 为

$$Q = \frac{\pi D^2}{4}\bar{v} = \frac{\pi D^2}{4B}e \tag{1-4}$$

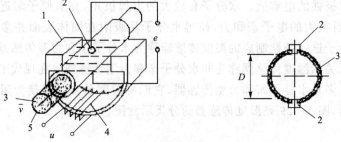

1—铁芯；2—电极；3—绝缘导管；4—励磁线圈；5—液体

图 1－30　电磁式流量传感器的工作原理图

根据式(1-4)可以看出,容积流量 Q 与电动势 e 成正比。如果我们事先知道导管内径和磁场的磁通密度 B,那么就可以通过对电动势的测定,求出容积的流量。

虽然电磁流量传感器的使用条件是要求流体是导电的,但它还是有许多优点:

① 没有机械可动部分。

② 由于电极的距离为导管的内径,因此没有妨碍流体流动的障碍,压力损失极小。

③ 能够得到与容积流量成正比的输出信号。

④ 测量结果不受流体粘度的影响。

⑤ 由于电动势是在包含电极的导管的断面处作为平均流速测得的,因此受流速分布影响较小。

⑥ 测量范围宽,可以为 0.005~190 000 m³/h。

⑦ 测量精度高,可达±0.5%。

使用电磁流量传感器时应注意以下几点:

① 由于管道是绝缘体,电流在流体中流动很容易受杂波的干扰,因此必须在安装流量传感器管道的两端设置接地环,使流体接地。

② 虽然流速对精度影响不大,为消除这种影响,应保证流道有足够的直线长度。

③ 使用电磁流量计时,必须使管道内充满液体。最好是把管道垂直设置,让被测液体从上至下流动。

④ 测定电导率较小的液体时,由于两电极间的内部阻抗比较高,所以信号放大器要有 100 MΩ 的输入阻抗。为保证传感器正常工作,液体的电导率必须保证在 5 s/cm 以上。

电磁流量传感器可以广泛应用于自来水、工业用水、农业用水、海水、污水、污泥、化学药品、食品、矿浆等流体的检测。

2. 涡流流量传感器

当在流体中插入棒状障碍物时,在其带侧会交替产生相互反转的涡流,在流体的下游形成规则的涡列,如图 1-31 所示,这种涡列就是流体力学中的"卡门涡旋列"。

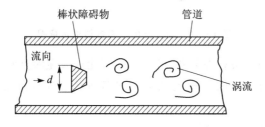

图 1-31 卡门涡旋列

发生涡旋的频率与流体流量有如下关系:

$$f = St \cdot \frac{\bar{v}}{d} = St \cdot \frac{1}{d} \cdot \frac{Q}{A} \qquad (1-5)$$

式中：f——涡流的频率；

St——斯托哈尔数（雷诺数在某些范围内的一定值）；

$\bar{v}$——流体的平均流速；

d——插入物体正对流向的宽度；

A——流路的断面积；

Q——流体的流量。

式（1-5）说明，St 在一定的范围内，涡流频率 f 和流量成正比，因此只要测定出涡流的频率，就可得知流体的流量。这就是涡流流量传感器的工作原理。

涡流流量传感器基本结构如图 1-32 所示，流量计由外壳、涡流发生器和频率检测元件等组成。涡流发生器的下端沿纵向自由支撑，上端固定在外壳的孔内，通过密封圈再用压板予以固定。在涡流发生器的内部装有压电元件，用来通过体内的应力变化检测出涡流的频率。图中的涡流发生器与流体接触部分的截面为梯形，这种形状能使流速与涡流的频率具有良好的线性。当涡流发生时，其内部将产生一定的应力，这种应力经压电元件检测后，用电路对得到的信号进行处理，从而得到跟涡流频率对应的脉冲频率，最终以模拟电压的形式输出。

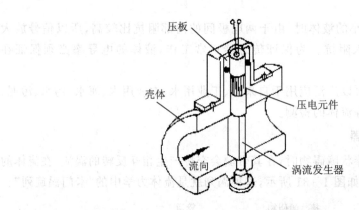

图 1-32　涡流流量传感器结构示意图

涡流频率的检测方法有许多种，可以将检测元件放在涡流发生器内，检测由于涡流产生的周期性的流动变化频率，也可以通过各种传感器检测流体振动所产生的力的周期变化。

涡流流量传感器有以下特征：

① 测量涡流频率的检测元件，一般都设置在涡流发生器的内部，与流体隔离，所以涡流流量传感器可以对所有的流体进行流量检测。

② 在流体的通道上设置的涡流发生器是固定的，因此传感器没有运动部分，使

传感器长期使用的可靠性得到保证。

③ 因为阻碍流体运动的只有一根涡流发生器，所以压力损失小。

④ 传感器测量流体的温度为 $-40\sim300$ ℃，流体的最高压力可达 30 MPa。

⑤ 传感器测定流速的范围：液体流速最大为 10 m/s，气体流速最大为 90 m/s。

使用涡流流量传感器时应注意以下几点：

① 当被测流体的流速偏低时，流体将产生不稳定涡流，此时应适当减小管道的口径以提高流速。

② 当测定附着性流体时，如果涡流发生器上附着过多的流体，将会使测量误差增大。

③ 传感器安装时，应设置在管道振动小的位置，并固定在牢固可靠的支架上。

1.7.5 速度传感器

单位时间内位移的增量就是速度。速度包括线速度和角速度，与之相对应的就有线速度传感器和角速度传感器，统称为速度传感器。

常用的速度传感器有旋转式速度传感器，按安装形式可分为接触式和非接触式两类。

1. 接触式

旋转式速度传感器与运动物体直接接触，这类传感器的工作原理如图 1-33 所示。当运动物体与旋转式速度传感器接触时，摩擦力带动传感器的滚轮转动。装在滚轮上的转动脉冲传感器发送出一连串的脉冲，每个脉冲代表着一定的距离值，从而就能测出线速度 v。

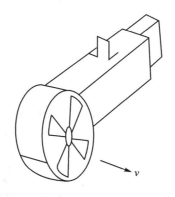

图 1-33 接触式速度传感器工作原理

设 D 为滚轮直径，单位为 mm，滚轮每转输出 πD 个脉冲，则 1 个脉冲代表 1 mm 的距离值。若在时间 t 内脉冲计数为 n，则线速度 v 为

$$v = \frac{n}{t}$$

$$(1-6)$$

转动脉冲传感器产生脉冲的方式由表及里有光电、磁电、电感应等多种。每个脉冲代表的距离(mm)称为脉冲当量。为了计算方便,脉冲当量常设定为距离(mm)的整数倍,这是正确使用传感器的关键。

接触式旋转速度传感器结构简单,使用方便。但是接触滚轮的直径与运动物体始终接触,所以滚轮的外周将磨损,从而影响滚轮的周长。脉冲数对每个传感器是固定的,影响传感器的测量精度。要提高测量精度,必须在二次仪表中增加补偿电路。另外,接触式难免产生滑差,滑差的存在也将影响测量的正确性。因此传感器的使用中必须施加一定的正压力,或者滚轮表面采用摩擦系数大的材料,尽可能减小滑差。

2. 非接触式

旋转式速度传感器与运动物体无直接接触,非接触式测量原理很多,以下仅介绍两点,供参考。

(1)光电流速传感器

如图1-34所示,叶轮的叶片边缘贴有反射膜,流体流动时带动叶轮旋转,叶轮每转动一周光纤传输反光一次,产生一个电脉冲信号。由检测到的脉冲数计算出流速。使脉冲数与叶轮转速和流速建立关系。利用标定曲线 $v=kn+c$ 计算流速 v。其中,k 为变换系数;c 为预置值;n 为叶轮转速。可将叶轮的转速直接换算成流速。

(2)光电风速传感器

如图1-35所示,风带动风速计旋转,经齿轮传动后带动凸轮成比例旋转。光纤被凸轮轮番遮断形成一串光脉冲,经光电管转换成电脉冲信号,经计算可检测出风速。

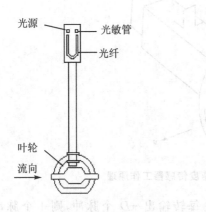
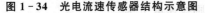
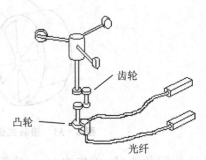

图1-34 光电流速传感器结构示意图　　　图1-35 光电风速传感器结构示意图

非接触式旋转速度传感器寿命长,无需增加补偿电路,但脉冲当量不是距离(mm)的整数倍,因此速度运算相对比较复杂。

旋转式速度传感器的性能可归纳如下:

① 传感器的输出信号为脉冲信号,其稳定性比较好,不易受外部噪声干扰,对测量电路无特殊要求。

② 结构比较简单,成本低,性能稳定可靠。功能齐全的微机芯片,使运算变换系数易于获得,故目前速度传感器应用极为普遍。

1.7.6　位移传感器

机械位移传感器是用来测量位移、距离、位置、尺寸、角度、角位移等几何量的一种传感器。机械位移传感器是应用最多的传感器之一,它在机械制造工业和其他工业的自动检测技术中占有很重要的地位,在很多领域也得到了广泛的应用。根据传感器的信号输出形式,可以分为模拟式和数字式两大类,参见图1-36。根据被测物体的运动形式,机械位移传感器可细分为线性位移传感器和角度位移传感器。

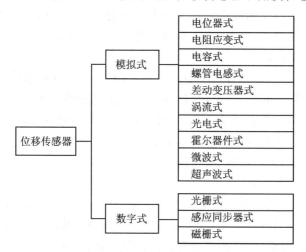

图 1-36　位移传感器

1. 电位器式传感器

电位器是人们常用到的一种电子元件,通常由电阻体和可移动的电刷组成。当电刷沿电阻体移动时,在输出端即获得与位移量成一定关系的电阻值或电压。电位器的种类繁多,本节就工业传感器用的电位器予以介绍。

(1)线绕电位器式传感器

线绕电位器的电阻体由电阻丝缠绕在绝缘物上构成,电阻丝的种类很多,电阻丝的材料是根据电位器的结构、容纳电阻丝的空间、电阻值和温度系数来选择的。电阻丝越细,在给定空间内获得的电阻值和分辨率越大。但电阻丝太细,在使用过程中又容易断开,影响传感器的寿命。

(2)非线绕电位器式传感器

为了克服线绕电位器存在的缺点,人们在电阻的材料及制造工艺方面下了很多工夫,发展了各种非线绕电位器。

1)合成膜电位器

合成膜电位器的电阻体是用具有某一电阻值的悬浮液喷涂在绝缘骨架上,形成电阻膜而制成的。这种电位器的优点是分辨率较高,阻值范围很宽(100 Ω～4.7 MΩ),耐磨性较好,工艺简单,成本低,输入/输出信号的线性度较好等;其主要缺点是接触电阻大,功率不够大,容易吸潮,噪声较大等。

2)金属膜电位器

金属膜电位器是由合金、金属或金属氧化物等材料通过真空溅射或电镀方法,沉积在瓷基体上一层薄膜制成的。

金属膜电位器的优点是具有无限的分辨率,接触电阻很小,耐热性好,它的满负荷温度可达 70 ℃。与线绕电位器相比,它的分布电容和分布电感很小,所以特别适合在高频条件下使用;它的噪声信号仅高于线绕电位器。金属膜电位器的缺点是耐磨性较差,阻值范围窄,一般在 10～100 kΩ 之间。这些缺点限制了它的使用。

3)导电塑料电位器

导电塑料电位器又称为有机实心电位器,这种电位器的电阻体是由塑料粉及导电材料的粉料经塑压而成。导电塑料电位器的优点是耐磨性好,使用寿命长,允许电刷接触压力很大,因此它在振动、冲击等恶劣的环境下仍能可靠地工作。此外,它的分辨率较高,线性度较好,阻值范围大,能承受较大的功率。导电塑料电位器的缺点是阻值易受温度和湿度的影响,故精度不易做得很高。

4)导电玻璃釉电位器

导电玻璃釉电位器又称为金属陶瓷电位器,它是以合金、金属化合物或难溶化合物等为导电材料,以玻璃釉为粘合剂,经混合烧结在玻璃基体上制成的。导电玻璃釉电位器的优点是耐高温性好,耐磨性好,有较宽的阻值范围,电阻温度系数小且抗湿性强。导电玻璃釉电位器的缺点是接触电阻变化大,噪声大,不易保证测量的高精度。

5)光电电位器式传感器

光电电位器是一种非接触式电位器,它用光束代替电刷。图 1 - 37 是这种电位器的结构示意图。光电电位器主要是由电阻体、光电导层和导电电极组成的。光电电位器的制作过程是先在基体上沉积一层硫化镉或硒化镉的光电导层,然后在光电导层上再沉积一条电阻体和一条导电电极。在电阻体和导电电极之间留有一个窄的间隙。平时无光照时,电阻体和导电电极之间由于光电导层电阻很大而呈现绝缘状态。当光束照射在电阻体和导电电极的间隙上时,由于光电导层被照射部位的亮电阻很小,使电阻体被照射部位和导电电极导通,于是光电电位器的输出端就有电压输

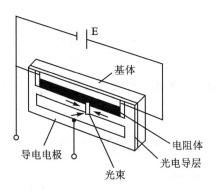

图 1－37　光电电位器式传感器结构示意图

出,输出电压的大小与光束位移照射到的位置有关,从而实现了将光束位移转换为电压信号输出。

　　光电电位器最大的优点是非接触型,不存在磨损问题。它不会对传感器系统带来任何有害的摩擦力矩,从而提高了传感器的精度、寿命、可靠性及分辨率。光电电位器的缺点是接触电阻大,线性度差。由于它的输出阻抗较高,所以需要配接高输入阻抗的放大器。尽管光电电位器有不少缺点,但它的优点又是其他电位器无法比拟的,因此在许多重要场合仍得到应用。

　　(3) 电容式传感器

　　以电容器为敏感元件,将机械位移量转换为电容量变化的传感器称为电容式传感器。电容传感器的形式很多,常使用变极距式电容传感器和变面积式电容传感器进行位移测量。

　　1) 变极距式电容传感器

　　图 1－38 是空气介质变极距式电容传感器的工作原理图。图中,一个电极板固定不变,称为固定极板;另一极板间距离 d 相应变化,从而引起电容量的变化。因此,只要测出电容量的变化量 ΔC,便可测得极板间距变化量,即动极板的位移量 Δd。

　　变极距电容传感器的初始电容 C_0 可由下式表示:

$$C_0 = \frac{\varepsilon_0 A}{d_0} \tag{1-7}$$

式中:ε_0——真空介电常数,$\varepsilon_0 = 8.85 \times 10^{-12}$ F/m;

　　A——极板面积,m²;

　　d_0——极板间距初始距离,m。

传感器的这种变化关系呈非线性,如图 1－39 所示。

当极板初始距离由 d_0 减小 Δd 时,电容量相应增大 ΔC,即

$$C_0 + \Delta C = \frac{\varepsilon_0 A}{d_0 - \Delta d} = \frac{C_0}{1 - \frac{\Delta d}{d_0}}$$

电容相对变化量 $\Delta C/C_0$ 为

$$\frac{\Delta C}{C_0} = \frac{\Delta d}{d_0}\left(1 - \frac{\Delta d}{d_0}\right)^{-1}$$

由于 $\dfrac{\Delta d}{d_0} \ll 1$，在实际使用时常采用近似线性处理，即 $\dfrac{\Delta C}{C_0} = \dfrac{\Delta d}{d_0}$，此时产生的相对非线性误差 γ_0 为

$$\gamma_0 = \pm\left|\frac{\Delta d}{d_0}\right| \times 100\%$$

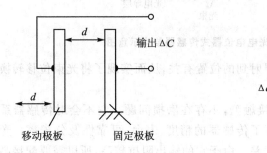 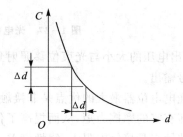

图 1-38　变极距式电容传感器的工作原理图　　图 1-39　变极距式电容传感器特性曲线

　　这种处理的结果，使得传感器的相对非线性误差增大，如图 1-40 所示。

　　为了改善这种情况，可采用差动变极距式电容传感器。这种传感器的结构如图 1-41 所示。它有三个极板，其中两个固定不动，只有中间的极板可产生移动。当中间的活动极板处于平衡位置时（即 $d_1 = d_2 = d_0$），$C_1 = C_2 = C_0$，如果活动极板向右移动 Δd，则 $d_1 = d_0 - \Delta d$，$d_2 = d_0 + \Delta d$。采用上述相同的近似线性处理方法，可得传感器电容总的相对变化为

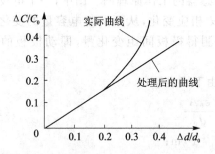 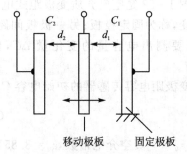

图 1-40　变极距传感器 ΔC-Δd 特性曲线　　图 1-41　差动变极距式电容传感器

$$\frac{\Delta C}{C_0} = \frac{C_1 - C_2}{C_0} = 2\,\frac{\Delta d}{d_0}$$

传感器的相对非线性误差 γ_0 为

$$\gamma_0 = \pm \left| \frac{\Delta d}{d_0} \right|^2 \times 100\%$$

不难看出，变极距式电容传感器改成差动之后，不但非线性误差大大减小，而且灵敏度也提高了一倍。

2）变面积式电容传感器

图 1-42 是变面积式电容传感器结构示意图。它由两个电极构成，其中一个为固定极板，另一个为可动极板，两极板均成半圆形。

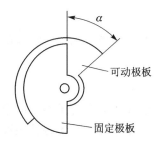

图 1-42　变面积式电容传感器结构示意图

假定极板间的介质不变（即介电常数不变），当两极板完全重叠时，其电容量为

$$C_0 = \Delta A / d$$

当动极板绕轴转动 α 角时，两极板的对应面积减小 ΔA，则传感器的电容量就要减小 ΔC_0。如果我们把这种电容量的变化通过谐振电路或其他回路方法检测出来，就实现了角位移转换为电量的电测变换。

电容式位移传感器的位移测量范围在 $1\ \mu m \sim 10\ mm$ 之间，变极距式电容传感器的测量精度约为 2%。变面积式电容传感器的测量精度较高，其分辨率可达 $0.3\ \mu m$。

1.7.7　光敏传感器

光敏传感器是利用光敏元件将光信号转换为电信号的传感器。它的敏感波长在可见光波长附近，包括红外线波长和紫外线波长。光敏传感器不只局限于对光的探测，它还可以作为探测元件组成其他传感器，对许多非电量进行检测，只要将这些非电量转换为光信号的变化即可。光敏传感器是目前产量最多、应用最广的传感器之一，它在自动控制和非电量电测技术中占有非常重要的地位。

光敏传感器的种类繁多，主要有光电管、光电倍增管、光敏电阻、光敏三极管、光电耦合器、太阳能电池、红外线传感器、紫外线传感器、光纤式光电传感器、色彩传感器、CCD 和 CMOS 图像传感器等。

图 1-43 是光电管的结构示意图和电路图。

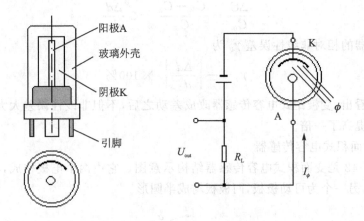

图 1 - 43　光电管的结构示意图和电路图

下面介绍光电管的主要特性。

（1）光电管的光谱特性

光电管的光谱特性是指光电管在工作电压不变的条件下，入射光的波长与其绝对灵敏度（即量子效率）的关系。光电管的光谱特性主要取决于阴极材料，常用的阴极材料有银氧铯光电阴极、锑铯光电阴极、铋银氧铯光电阴极及多碱光电阴极等，前两种使用比较广泛。图 1 - 44 给出了它们的光谱特性曲线。

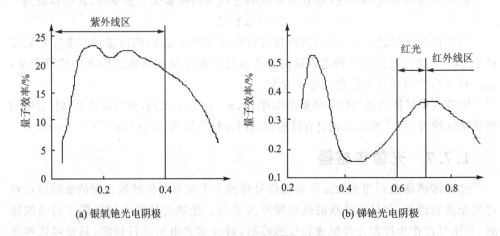

图 1 - 44　光谱特性曲线

由光电管的光谱特性曲线可以看出，不同阴极材料制成的光电管有着不同的灵敏度较高的区域，应用时应根据所测光谱的波长选用相应的光电管。例如被测光的成分是红光，选用银氧铯阴极光电管就可以得到较高的灵敏度。

（2）光电管的伏安特性

光电管的伏安特性是指在一定光通量照射下，光电管阳极与阴极之间的电压 U_A

与光电流 I 之间的关系。光电管在一定光通量照射下,光电管阴极在单位时间内发射一定量的光电子,这些光电子分散在阳极与阴极之间的空间内,若在光电管阳极上施加电压 U_A,则光电子被阳极吸引收集,形成回路中的光电流 I。当阳极电压升高时,阳极发射的光电子一部分被阳极收集,其余部分仍返回阴极。随着阳极电压的升高,阳极在单位时间内收集到的光电子数增多,光电流 I 也增加。当阳极电压升高到一定数值时,阴极在单位时间内发射的光电子全部被阳极收集,称为饱和状态,以后阳极电压升高,光电流 I 也不会增加。

(3)光电管的光电特性

光电管的光电特性是指在光电管阳极电压和入射光频谱不变的条件下,入射光的光通量 Φ 与光电流 I 之间的关系。在光电管阳极电压足够大,使光电管工作在饱和状态条件下,入射光通量与光电流呈线性关系。

(4)暗电流

将光电管置于无光的黑暗条件下,当光电管施加正常的使用电压时,光电管产生微弱电流,此时电流称为暗电流。暗电流的产生主要是由漏电流引起的。

光电管常用在自动控制、无线电传真、有声电影及其他光电转换设备上。

表 1-4 列出了一些国产光电管的技术特性。

表 1-4 国产光电管的技术特性

型　号	光谱响应范围/nm	最佳灵敏度波长/nm	最小阴极灵敏度/($\mu A \cdot lm^{-1}$)	阳极工作电压/V	暗电流/A	环境温度/℃
GD-5	200~600	380~420	30	30	3×10^{-11}	5~35
GD-6	600~1 100	80±100	10	30	8×10^{-11}	5~35
GD-7	300~850	450	45	100	8×10^{-11}	≤40

1.7.8　磁敏传感器

在传感器中,有一类是对磁敏感的,称为磁敏传感器(或称磁传感器),这类传感器有舌簧管(舌簧管开关)、霍尔传感器、磁阻传感器、磁敏二极管和磁敏三极管等。

舌簧管开关是由一对(或三个)封装在玻璃管中的电极(触头)组成的机械开关。在磁场中,电极受磁场作用,使触头接通或断开(组成常开或常闭继电器),主要用于接近开关。

利用磁场作为媒介可以检测很多物理量,如位移、振动、力、转速、加速度、流量、电流、电功率等。它不仅可实现非接触测量,而且不从磁场中获取能量。在很多情况下,可采用永久磁铁来产生磁场,不需要附加能源,因此,这一类传感器获得极为广泛的应用。

在磁敏传感器中,霍尔元件及霍尔传感器的生产量是最大的。它主要用于无刷直流电机(霍尔电机)中,这种电机用于磁带录音机、录像机、XY记录仪、打印机、电唱机及仪器中的通风风扇等。另外,霍尔元件及霍尔传感器还用于测转速、流量、流速及利用它制成高斯计、电流计、功率计等仪器。

1.7.9 声传感器

声传感器是把外界声场中的声信号转换成电信号的传感器。它在通信、噪声控制、环境检测、音质评价、文化娱乐、超声检测、水下探测、生物医学工程及医学方面有广泛的应用。它的种类很多,本文按其特点和频率等,将它划分为超声传感器、声压传感器和声表面波传感器加以介绍。下面先介绍一些声学量的基本概念和声传感器的基本性能指标的物理意义。

1.7.10 气体传感器

气体传感器是指利用各种化学、物理效应将气体成分、浓度按一定规律转换成电信号输出的器件。随着社会的发展和科学技术的进步,气体传感器的开发研究越来越引起人们的重视,各种气体传感器应运而生。综合气体传感器的应用情况,主要有以下几种用途:

① 有毒和可燃性气体检测:有毒和可燃性气体检测是气敏传感器最大的市场,主要应用于石油、采矿、半导体工业等工矿企业,以及家庭中环境检测和控制。在石油、石化、采矿工业中,硫化氢、一氧化碳、氯气、甲烷和可燃的碳氢化合物是主要检测气体。在半导体工业中最主要的是检测磷、砷和硅烷。家庭中主要检测煤气和液化气的泄漏以及是否通风。

② 燃烧控制:汽车工业是气体传感器又一重要市场。采用氧传感器检测和控制发动机的空燃比,使燃烧过程最佳化。在大型工业锅炉燃烧过程中,采用带有气体传感器的控制以提高燃烧效率,减少废气排出,节省能源。气体传感器还可以用来检测汽车或烟囱中排出的废气量。这些废气包括二氧化碳、二氧化硫和一氧化碳。

③ 食品和饮料加工:在食品和饮料加工过程中,二氧化硫传感器是极有用的器件。二氧化硫检测常用于许多食品和饮料的保存和检测,使之含有保持特定的味道和香味所需的最低二氧化硫浓度。另外,气体传感器还被用来检测葡萄酒、啤酒、高粱酒的发酵程度以保证产品的均匀性和降低成本。

1.7.11 生物传感器

生物传感器是多学科综合交叉的产物,各类新型生物传感器正在不断涌现,因而难以对它下一个确切而严格的定义。就现有的生物传感器而言,它是以固定化的生物成分(酶、抗原、抗体、激素)或生物体本身(细胞、微生物、组织等)为敏感元件,与适当的能量转换器结合而成的器件。敏感元件产生与待测化学量或生物量(或浓度)相关的化学或物理信号(原始信号),然后由能量转换器转换成易于测量的电信号(次级信号)。随着各类高新技术的发展,特别是生物工程技术和电子技术的发展,生物传感器的概念将不断修正和更新。

生物传感器在国民经济的各个领域有着十分广泛的应用,特别是食品、制药,化学工业中的过程检测,环境检测,临床医学检测,生命科学研究等。测定的对象为物质中化学和生物成分的含量,如各种形式的糖类、青霉素、草酸、水杨酸、尿酸、尿素、胆固醇、胆碱、卵磷脂、肌酸酐等。

生物传感器的分类方法很多。如图 1-45 所示,若按生物敏感材料的类别来划分,生物传感器可分为酶传感器、免疫传感器、微生物传感器和组织传感器。我们权且把细胞传感器归入组织传感器。若按能量转换器来划分,生物传感器可分为电化学生物传感器、热学生物传感器、光学生物传感器、半导体生物传感器和声学生物传感器。电化学生物传感器主要有酶传感器,热学生物传感器主要有热敏电阻,光学生物传感器主要有光纤生物传感器,半导体生物传感器主要有酶场效应管,声学生物传感器也称质量生物传感器,主要有压电晶体生物传感器和声表面波生物传感器。

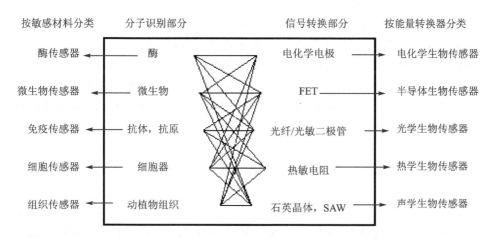

图 1-45　生物传感器结构

生物传感器与传统的检测仪器相比有如下特点:

① 生物传感器是由高度选择性的分子识别材料与灵敏度极高的能量转换器结合而成的,因而它具有很好的选择性和极高的灵敏度。

② 在测试时,一般不需对样品进行处理。

③ 响应快、样品用量少,可反复多次使用。

④ 体积小,可实现连续在线、在位、在体检测。

⑤ 易于实现多组分的同时测定。

⑥ 成本远低于大型分析仪器,便于推广普及。

然而,我们在看到生物传感器优点的同时,必须注意到它的若干弱点。例如,不同酶的选择有很大差异,尿素酶有严格的专一性,葡萄糖氧化酶有高度的专一性,而乙醇氧化酶和氨基酸氧化酶分别能识别光谱醇类和氨基酸类。由于生物材料的内在特征是无法改变的,故在这种情况下必须解决如何消除干扰的问题。抗体的专一性可采用单无性抗体而得到增强。专一性好的生物敏感材料可选用普适能量转换器与之匹配。例如,大多数生化反应都伴随着热效应,只要不存在干扰,可用换能器与之相连。抗原与抗体反应虽没有生物催化反应,但若将抗原或抗体固定,抗原与抗体反应后将发生质量变化,因此可用压电晶体振荡器或声表面波器件来检测。

生物传感器的工作条件是比较苛刻的。首先,生物敏感物质只有在最佳的 pH 值范围内才有最大的活性,因此换能器的特性必须与之匹配。其次,除了少数酶能短时间承受高于 $100\ ℃$ 的高温外,绝大多数生物敏感物质的工作条件局限于 $15\sim40\ ℃$ 的温度范围。另外,许多生物敏感物质只能在短期内保持活性,为了延长生物传感器的寿命,往往需要特殊的条件,例如在温度为 $4\ ℃$ 的条件下储存。

生物传感器的响应时间比单独的换能器响应时间要长得多,这是因为待测物质进入生物敏感层内,其质量传递需要较长的时间,某些生化反应也需要一定的时间。例如酶电极的响应时间在几秒至半分钟范围内,免疫传感器则需要 15 min 左右,微生物传感器需要 $20\sim30$ min。尽管如此,它们在实用中具有生命力是因为传统的检测方法所用时间更长,例如传统方法检测生物耗氧量(BOD)需要 5 天左右,而采用生物传感器,即使 $20\sim30$ min 的响应时间,也可以接受。

目前,商品化的生物传感器还不多,许多重要问题(如长期稳定性、可靠性、一致性、批量生产工艺等)有待解决。随着上述问题的解决,生物传感器将在各种传感器中占主导地位。

1.8 传感器的选择方法

市场上传感器在原理与结构上千差万别,如何根据具体的测量目的、测量对象以及测量环境合理地选用传感器,是对某个量进行测量时首先要解决的问题。只有确定了传感器类型之后,与之相配套的测量方法和测量设备也就可以确定了。测量结果的成败,在很大程度上取决于传感器的选用是否合理。

1.8.1 传感器的选用原则

(1) 与测量条件有关的因素

① 测量的目的;

② 被测试量的选择;

③ 测量范围;

④ 输入信号的幅值及频带宽度;

⑤ 精度要求;

⑥ 测量所需要的时间。

（2）与传感器有关的技术指标

① 精度；

② 稳定度；

③ 响应特性；

④ 模拟量与数字量；

⑤ 输出幅值；

⑥ 对被测物体产生的负载效应；

⑦ 校正周期；

⑧ 超标准过大的输入信号保护。

（3）与使用环境条件有关的因素

① 安装现场条件及情况；

② 环境条件（湿度、温度、振动等）；

③ 信号传输距离；

④ 所需现场提供的功率容量。

（4）与购买和维修有关的因素

① 价格；

② 零配件的储备；

③ 服务与维修制度，保修时间；

④ 交货日期。

1.8.2 选择传感器的方法

1. 根据测量对象与测量环境确定传感器的类型

要进行具体的测量工作，首先要考虑采用何种原理的传感器。这需要分析多方面的因素之后才能确定。因为，即使是测量同一物理量，也有多种原理的传感器可供选用，哪一种原理的传感器更为合适，则需要根据被测量的特点和传感器的使用条件考虑具体问题：量程的大小；被测位置对传感器体积的要求；测量方式为接触式还是非接触式；信号的引出方法，有线或者是非接触测量。在考虑上述问题之后就能确定选用何种类型的传感器，然后再考虑传感器的具体性能指标。

2. 灵敏度的选择

通常，在传感器的线性范围内，希望传感器的灵敏度越高越好。因为只有当灵敏度高时，与被测量变化对应的输出信号值才比较大，有利于信号处理。但要注意的是，传感器的灵敏度高，与被测量无关的外界噪声也容易混入，也会被放大系统放大，影响测量精度。

3. 频率响应特性

传感器的频率响应特性决定了被测量的频率范围。必须在允许频率范围内保持不失真的测量条件,实际上传感器的响应总有一定延迟,希望延迟时间越短越好。传感器的频率响应高,可测的信号频率范围就宽,且由于受到结构特性的影响,机械系统的惯性较大,因此频率低的传感器可测信号的频率较低。在动态测量中,应根据信号的特点(稳态、瞬态、随机等)选择响应特性,避免产生过大的误差。

4. 线性范围

传感器的线性范围是指输出与输入成正比的范围。理论上讲,在此范围内,灵敏度保持定值。传感器的线性范围越宽,其量程越大,并且能保证一定的测量精度。在选择传感器时,当传感器的种类确定以后,首先要看其量程是否满足要求。但实际上,任何传感器都不能保证绝对的线性,其线性度也是相对的。当所要求的测量精度比较低时,在一定的范围内,可将非线性误差较小的传感器近似看成线性的,这会给测量带来极大的方便。

5. 精　度

精度是传感器的一个重要的性能指标,是关系到整个测量系统测量精度的一个重要环节。传感器的精度越高,其价格越昂贵,因此,传感器的精度只要满足整个测量系统的精度要求就可以,不必选得过高。这样就可以在满足同一测量目的的诸多传感器中选择比较便宜和简单的传感器。如果测量目的是定性分析,选用重复性精度高的传感器即可,不宜选用绝对量值精度高的;如果是为了定量分析,必须获得精确的测量值,就需选用精度等级能满足要求的传感器。若用于某些特殊场合,无法选到合适的传感器,则需自行设计、制造传感器。自制传感器的性能应满足使用要求。

6. 稳定性

传感器使用一段时间后,其性能保持不变化的能力称为稳定性。影响传感器长期稳定性的因素除传感器本身结构外,主要是传感器的使用环境。因此,要使传感器具有良好的稳定性,传感器必须要有较强的环境适应能力。在选择传感器之前,应对其使用环境进行调查,并根据具体的使用环境选择合适的传感器,或采取适当的措施,减小环境的影响。传感器的稳定性有定量指标,当超过使用期后,在使用前应重新进行标定,以确定传感器的性能是否发生变化。在某些要求传感器能长期使用而又不能轻易更换或标定的场合,对所选用的传感器的稳定性要求更严格,要能够经受住长时间的考验。

项目小结

1. 总结检查气动连线、传感器接线、I/O 检测及故障排除方法。
2. 如果在加工过程中出现意外情况,如何处理?
3. 若采用网络控制,将如何实现?
4. 思考加工单元各种可能会出现的问题。

项目二 加工单元的安装与调试

项目描述

加工站的功能是将待加工工件在加工台夹紧,移送到加工区域冲压气缸的正下方实现对工件的冲压加工,然后把加工好的工件重新送出,从而完成工件加工的过程。通过本项目的训练,了解直线导轨、手指气缸、薄型气缸的工作原理及其应用,掌握加工单元的安装及调整的方法与步骤,进一步熟悉单序列顺序控制程序的编制方法。

项目要求

1. 分析加工单元各动作的实现方式以及动作执行状态的检测;
2. 完成加工单元装置侧机械部件的安装、气路连接和调试;
3. 按控制要求设计该工作单元的 PLC 控制电路,包括规划 PLC 的 I/O 分配及接线端子分配,绘制控制电路图,进行电气接线;
4. 按控制要求编制和调试 PLC 程序。

项目实施

2.1 加工单元的基本功能

加工站的功能是完成把待加工工件从物料台移送到加工区域冲压气缸的正下方,完成对工件的冲压加工,然后把加工好的工件重新送回物料台的过程。加工站装置侧主要结构组成为:加工台及滑动机构、加工(冲压)机构、电磁阀组、接线端口、底板等。加工站机械结构总成如图 2-1 所示。

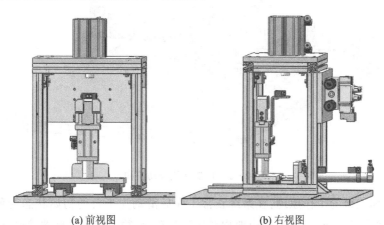

(a) 前视图   (b) 右视图

图 2-1 加工站机械结构总成

2.2 加工单元的功能分析与实现

要实现加工单元中夹紧工件,把加工工件从物料台移送到加工区域,并完成对工件的冲压,然后把工件重新送回物料台等一系列动作,需要考虑以下问题:

① 如何实现工件的夹紧?

② 如何实现工件及夹紧机构的移动?

③ 怎样进行冲压加工?

④ 如何实现动作的顺序控制?

⑤ 本工作站的信息是如何传递给主系统的?例如加工的工作状态(待加工工件是否到达指定位置)等信息是如何传递给主控制器的?

针对上述问题,加工单元采用如下机构:

1. 物料台及滑动机构

加工台及滑动机构如图 2-2 所示。加工台用于固定被加工件,并把工件移到加工(冲压)机构正下方进行冲压加工。它主要由气动手指、加工台伸缩气缸、线性导轨及滑块、磁感应接近开关、漫射式光电传感器组成。

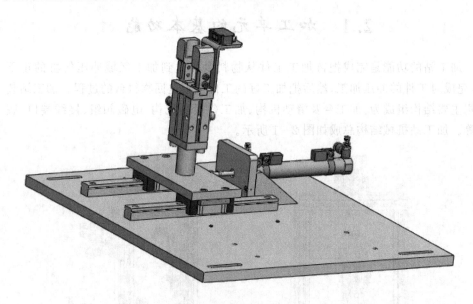

图 2-2 加工台及滑动机构

滑动加工台的工作原理:在系统正常工作后滑动加工台的初始状态为伸缩气缸伸出,气动手指张开;当输送机构把物料送到料台上,物料检测传感器检测到工件后,PLC 控制程序驱动气动手指将工件夹紧→加工台回到加工区域冲压气缸下方→冲压气缸活塞杆向下伸出冲压工件→完成冲压动作后向上缩回→加工台重新伸出→到位后气动手指松开,完成工件加工工序,并向系统发出加工完成信号,为下一次工件加工做准备。

在移动料台上安装一个漫射式光电开关。若加工台上没有工件,则漫射式光电开关处于常态;若加工台上有工件,则光电接近开关动作,表明加工台上已有工件。该光电传感器的输出信号送到加工站 PLC 的输入端,用以判别加工台上是否有工件需进行加工;当加工过程结束时,加工台伸出到初始位置。同时,PLC 通过通信网络,把加工完成信号回馈给系统,以协调控制。

移动料台上安装的漫射式光电开关仍选用 E3Z - L61 型放大器内置型光电开关(细小光束型)。该光电开关的原理、结构以及调试方法在前面已经介绍过了。

移动料台伸出和返回到位的位置是通过调整伸缩气缸上两个磁性开关位置来定位的。要求缩回位置位于加工冲压头正下方;伸出位置应与输送单元的抓取机械手装置配合,以确保输送单元的抓取机械手能顺利地把待加工工件放到料台上。

2. 加工(冲压)机构

加工(冲压)机构如图 2 - 3 所示。加工机构用于对工件进行冲压加工。它主要由冲压气缸、冲压头、安装板等组成。

冲压台的工作原理是:当工件到达冲压位置即伸缩气缸活塞杆缩回到位时,冲压缸伸出对工件进行加工,完成加工动作后冲压缸缩回,为下一次冲压做准备。

冲头根据工件的要求对工件进行冲压加工,冲头安装在冲压缸头部。安装板用于安装冲压缸,对冲压缸进行固定。

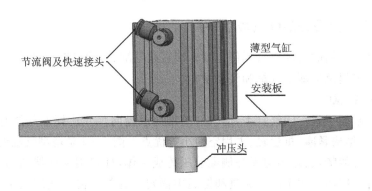

节流阀及快速接头　　薄型气缸　　安装板　　冲压头

图 2 - 3　加工(冲压)机构

2.3 相关知识

2.3.1 直线导轨

直线导轨是一种滚动导引，由钢珠在滑块与导轨之间作无限滚动循环，使得负载平台能沿着导轨以高精度作线性运动，其摩擦系数可降至传统滑动导引的 1/50，使之能达到很高的定位精度。在直线传动领域中，直线导轨副一直是关键性的产品，目前已成为各种机床、数控加工中心、精密电子机械中不可或缺的重要功能部件。

直线导轨副通常按照滚珠在导轨和滑块之间的接触牙型进行分类，主要有两列式和四列式两种。图 2-4 给出了直线导轨副的截面示意图和装配好的直线导轨副。

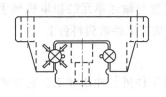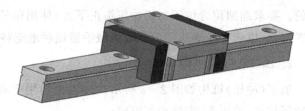

(a) 直线导轨副截面图　　　　　　　　(b) 装配好的直线导轨副

图 2-4　两列式直线导轨副

加工站移动料台滑动机构由两个直线导轨副和导轨安装构成，安装滑动机构时要注意调整两直线导轨的平行。移动料台及滑动机构组件的安装方法在 2.4 节讨论。

2.3.2 加工站的气动元件

加工站所使用的气动执行元件包括标准直线气缸、薄型气缸和气动手指，下面只介绍前面尚未提及的薄型气缸和气动手指。

(1) 薄型气缸

薄型气缸属于省空间气缸类，即气缸的轴向或径向尺寸比标准气缸有较大减小的气缸，具有结构紧凑、重量轻、占用空间小等优点。图 2-5 是薄型气缸的实例图。

薄型气缸的特点：缸筒与无杆侧端盖压铸成一体，杆盖用弹性挡圈固定，缸体为方形。这种气缸通常用于固定夹具和搬运中固定工件等。薄型气缸用于冲压，主要是利用其行程短的特点。

(2) 气动手指(气爪)

气爪用于抓取、夹紧工件。气爪通常有滑动导轨型、支点开闭型和回转驱动型等工作方式。滑动导轨型气动手指，如图 2-6 (a)所示，其工作原理可从其中剖面图(b)和(c)看出。

(a) 实物图　　　　　　　　　　　　　(b) 工作原理剖视图

图 2 - 5　薄型气缸的实例图

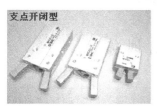

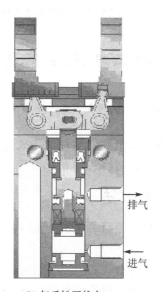

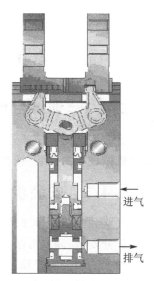

(a) 气动手指实物图　　　　(b) 气爪松开状态　　　　(c) 气爪夹紧状态

图 2 - 6　气动手指实物图和工作原理

（3）气动控制回路

加工站的气动控制元件均采用二位五通单电控电磁换向阀,各电磁阀均带有手动换向和加锁钮。它们集中安装成阀组固定在冲压支撑架后面。

加工站气动控制回路的工作原理如图 2 - 7 所示。1B1 和 1B2 为安装在冲压气缸的两个极限工作位置的磁感应接近开关;2B1 和 2B2 为安装在加工台伸缩气缸的两个极限工作位置的磁感应接近开关;3B1 为安装在手爪气缸工作位置的磁感应接近开关;1Y1、2Y1 和 3Y1 分别为控制冲压气缸、加工台伸缩气缸和手爪气缸的电磁阀的电磁控制端。

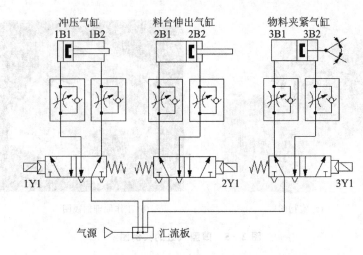

图 2 - 7   加工站气动控制回路工作原理图

2.4   加工单元安装技能训练

2.4.1   训练目标

将加工站的机械部分拆开成组件和零件的形式,然后再组装成原样。要求重点掌握机械设备的安装、调整方法与技巧。

2.4.2   安装步骤和方法

气路和电路连接注意事项在项目一供料单元中已经叙述,这里着重讨论加工站机械部分安装、调整方法。

加工站的装配过程包括两部分:一是加工机构组件装配,二是滑动加工台组件装配。然后进行总装,图 2 - 8 是加工机构组件装配图,图 2 - 9 是滑动加工台组件装配图,图 2 - 10 是整个加工站的组装。

在完成以上各组件的装配后,首先将物料夹紧及运动送料部分和整个安装底板连接固定,再将铝合金支撑架安装在大底板上,最后将加工组件部分固定在铝合金支撑架上,完成该单元的装配。

安装时的注意事项:

① 当调整两直线导轨平行时,要一边移动安装在两导轨上的安装板,一边拧紧固定导轨的螺栓。

② 如果加工组件部分的冲压头与加工台上工件的中心没有对正,可以通过调整推料气缸旋入两导轨连接板的深度来进行对正。

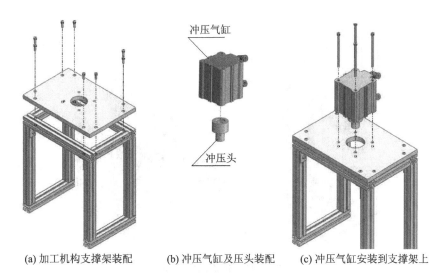

(a) 加工机构支撑架装配　　(b) 冲压气缸及压头装配　　(c) 冲压气缸安装到支撑架上

图 2-8　加工机构组件装配图

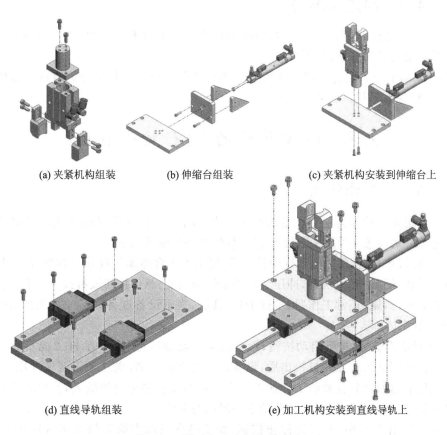

(a) 夹紧机构组装　　　(b) 伸缩台组装　　　(c) 夹紧机构安装到伸缩台上

(d) 直线导轨组装　　　　(e) 加工机构安装到直线导轨上

图 2-9　滑动加工台组件装配过程

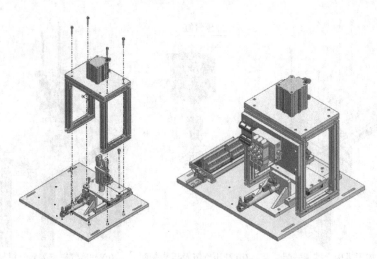

图 2 - 10　加工站组装图

2.4.3　问题与思考

① 按上述方法装配完成后,若直线导轨的运动依旧不是特别顺畅,应该对物料夹紧及运动送料部分做何调整?

② 安装完成后运行时间不长便造成物料夹紧及运动送料部分的直线气缸密封损坏,试想是由哪些原因造成的?

2.5　加工单元的 PLC 控制系统

2.5.1　工作任务

只考虑加工站作为独立设备运行时的情况,本单元的按钮/指示灯模块上的工作方式选择开关应置于"单站方式"位置。具体的控制要求如下:

① 初始状态:设备上电和气源接通后,滑动加工台伸缩气缸处于伸出位置,加工台气动手指处于松开的状态,冲压气缸处于缩回位置,急停按钮没有按下。若设备在上述初始状态,则"正常工作"指示灯 HL1 常亮,表示设备准备好;否则,该指示灯以 1 Hz 的频率闪烁。

② 设备准备好,按下启动按钮,设备启动,"设备运行"指示灯 HL2 常亮。当待加工工件送到加工台上并被检出后,设备执行将工件夹紧,送往加工区域冲压,完成冲压动作后返回待料位置的工件加工工序。如果没有停止信号输入,当再有待加工工件送到加工台上时,加工站又开始下一周期的工作。

③ 在工作过程中,若按下停止按钮,加工站在完成本周期的动作后停止工作。HL2 指示灯熄灭。

要求完成如下任务：

① 规划 PLC 的 I/O 分配及接线端子分配。

② 进行系统安装接线和气路连接。

③ 编制 PLC 程序。

④ 进行调试与运行。

2.5.2 PLC 的 I/O 分配及系统安装接线

① 加工站装置侧接线端口信号端子的分配如表 2-1 所列。

表 2-1 加工站装置侧的接线端口信号端子的分配

输入端口中间层			输出端口中间层		
端子号	设备符号	信号线	端子号	设备符号	信号线
2	SC1	加工台物料检测	2	3Y	夹紧电磁阀
3	3B2	工件夹紧检测	3		
4	2B2	加工台伸出到位	4	2Y	伸缩电磁阀
5	2B1	加工台缩回到位	5	1Y	冲压电磁阀
6	1B1	加工压头上限			
7	1B2	加工压头下限			
8#~17#端子没有连接			6#~14#端子没有连接		

② 加工站选用 S7-224 AC/DC/RLY 主单元，共 14 点输入和 10 点继电器输出。加工站 PLC 的 I/O 信号如表 2-2 所列，其接线原理图如图 2-11 所示。

表 2-2 加工站 PLC 的 I/O 信号表

输入信号				输出信号			
序 号	PLC 输入点	信号名称	信号来源	序 号	PLC 输出点	信号名称	信号来源
1	I0.0	加工台物料检测		1	Q0.0	夹紧电磁阀	
2	I0.1	工件夹紧检测		2	Q0.1		
3	I0.2	加工台伸出到位	装置侧	3	Q0.2	料台伸缩电磁阀	装置侧
4	I0.3	加工台缩回到位		4	Q0.3	加工压头电磁阀	
5	I0.4	加工压头上限		5	Q0.4		
6	I0.5	加工压头下限		6	Q0.5		
7	I0.6			7	Q0.6		
8	I0.7			8	Q0.7		
9	I1.0			9	Q1.0	正常工作指示	按钮/指示
10	I1.1			10	Q1.1	运行指示	灯模块

	输入信号				输出信号		
序 号	PLC 输入点	信号名称	信号来源	序 号	PLC 输出点	信号名称	信号来源
11	I1.2	停止按钮					
12	I1.3	启动按钮	按钮/指示				
13	I1.4	急停按钮	灯模块				
14	I1.5	单站/全线					

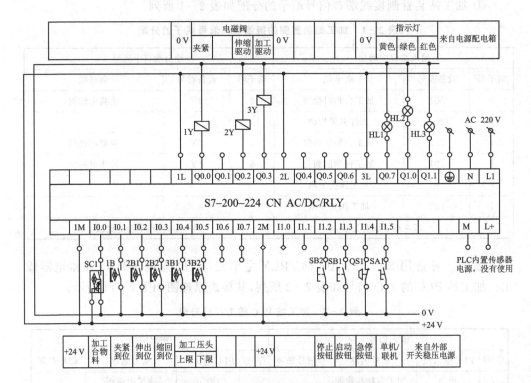

图 2-11　加工站 PLC 的 I/O 接线原理图

2.5.3　编写和调试 PLC 控制程序

加工站主程序流程与供料单元类似,也是 PLC 上电后应首先进入初始状态检查阶段,确认系统已经准备就绪后,才允许接收启动信号投入运行。但加工站工作任务中增加了急停功能。为此,调用加工控制子程序的条件应该是"单元在运行状态"和"急停按钮未按"两者同时成立,如图 2-12 所示。

这样,当在运行过程中按下急停按钮时,立即停止调用加工控制子程序,但急停前当前步的 S 元件仍在置位状态,急停复位后,就能从断点开始继续运行。

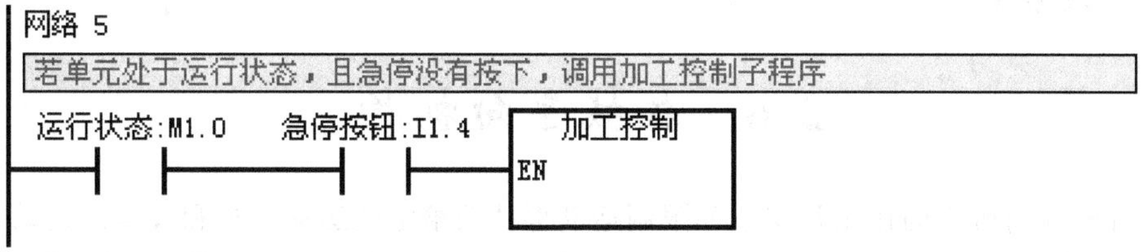

网络 5

| 若单元处于运行状态，且急停没有按下，调用加工控制子程序 |

运行状态:M1.0　　急停按钮:I1.4　　　加工控制

图 2－12　加工控制子程序的调用

加工过程也是一个顺序控制,其步进流程图如图 2－13 所示。

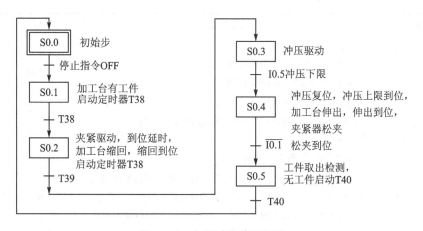

图 2－13　加工过程的流程图

从流程图可以看到,当一个加工周期结束时,只有加工好的工件被取走后,程序才能返回 S0.0 步,这就避免了重复加工的可能。

2.5.4　调试与运行

① 调整气动部分,检查气路是否正确,气压是否合理,气缸的动作速度是否合理。

② 检查磁性开关的安装位置是否到位,磁性开关工作是否正常。

③ 检查 I/O 接线是否正确。

④ 检查光电传感器安装是否合理,灵敏度是否合适,保证检测的可靠性。

⑤ 放入工件,运行程序,看加工站动作是否满足任务要求。

⑥ 调试各种可能出现的情况,比如在任何情况下都有可能加入工件,系统都要能可靠工作。

⑦ 优化程序。

知识拓展

2.6　机械导向机构

机械导向机构的作用是支承和限制运动部件按给定的运动要求和规定的运动方向运动,这样的部件通常称为导轨副(简称导轨)。导轨副主要由定导轨、动导轨、辅助导轨、间隙调整元件以及工作介质/元件等组成。常见导轨类型见表2-3。

表2-3　常见导轨类型

导轨类型	主要特点	应　用
普通滑动导轨 (滑动导轨)	① 结构简单,使用维修方便; ② 未形成完全液体摩擦时,低速易爬行; ③ 磨损大,寿命短,运动精度不稳定	于普通机床、冶金设备上应用普遍
塑料导轨 (贴塑导轨)	① 动导轨表面贴塑料软带等,与铸铁或钢导轨搭配摩擦系数小,且动、静摩擦系数相近,不易爬行,抗磨损性能好; ② 贴塑工艺简单; ③ 刚度较低,耐热性差,容易蠕变	主要应用于中、大型机床,以及压强不大的导轨
镶钢,镶金属导轨	① 在支承导轨上镶装有一定硬度的钢板或钢带,提高导轨耐磨性(比灰铸铁高5～10倍),改善摩擦或满足焊接床身结构需要; ② 在动导轨上镶有青铜之类的金属防止咬合磨损,提高耐磨性,运动平稳,精度高	镶钢导轨工艺复杂,成本高。常用于重型机床,如立车、龙门铣床的导轨上
滚动导轨 (直线导轨)	① 运动灵敏度高,低速运动平稳性好,定位精度高; ② 精度保持性好,磨损少,寿命长; ③ 刚性和抗振性差,结构复杂,成本高,要求有良好的防护	广泛用于各类精密机床、数控机床纺织机械等
动压导轨	① 速度高(90～600 m/min),形成液体摩擦; ② 阻尼大,抗振性好; ③ 结构简单,不需要复杂供油系统,使用、维护方便; ④ 油膜厚度随载荷与速度而变化,影响加工精度,低度重载易出现导轨面接触	主要应用于速度、精度要求一般的机床主动导轨
静压导轨	① 摩擦系数很小,驱动力小; ② 低速运动平稳性好; ③ 承载能力大,刚性、吸振性好; ④ 需要一套液压装置,结构复杂,调整困难	各种大型、重型机床,精密机床,数控机床的工作台

导轨类型按运动方式可分为直线运动导轨(滑动摩擦导轨)和回转运动导轨(滚动摩擦导轨);按接触表面的摩擦性质,可分为滑动导轨、滚动导轨、流体介质摩擦导轨等。

2.6.1　滑动摩擦导轨

1. 常见的滑动摩擦导轨副及其特点

常见的导轨截面形状,有三角形(分对称、非对称两类)、矩形、燕尾形及圆形四种,每种又分为凸形和凹形两类。凸形导轨不易积存切屑等脏物,也不易储存润滑油,宜在低速下工作;凹形导轨则相反,可用于高速,但必须有良好的防护装置,以防切屑等脏物落入导轨。常见滑动导轨副的截面类型见表2-4。

表2-4　常见滑动导轨副的截面类型

(1)三角形导轨

分对称型和非对称型三角形导轨。

特点:在垂直载荷作用下,具有磨损量自动补偿功能,无间隙工作,导向精度高。为防止因振动或倾翻载荷引起两导向面较长时间脱离接触,应有辅助导向面并具备间隙调整能力。但存在导轨水平与垂直误差的相互影响,导轨面加工、检验、维修困难。

对称型导轨:随顶角增大,导轨承载能力增大,但导向精度降低。

非对称导轨:主要用在载荷不对称的时候,通过调整不对称角度,使导轨左右面水平分力相互抵消,提高导轨刚度。

(2)矩形导轨的特点

结构简单,制造、检验、维修方便,导轨面宽,承载能力大,刚度高,但无磨损量自动补偿功能。导轨在水平和垂直面位置互不影响,为安装调整方便,因而在水平和垂直两方向均需间隙调整装置。

(3)燕尾形导轨的特点

无磨损量自动补偿功能,需要间隙调整装置,燕尾起压板作用,镶条可调整水平与垂直两方向的间隙,可承受颠覆载荷,结构紧凑;但刚度差,摩擦阻力大,制造、检验、维修不方便。

（4）圆形导轨的特点

结构简单，制造、检验、配合方便，精度易于保证；但摩擦后很难调整，结构刚度较差。

2. 导轨的基本要求

① 导向精度高。导向精度是指运动件按给定方向做直线运动的准确程度，主要取决于导轨本身的几何精度及导轨配合间隙。导轨的几何精度可用线值或角值表示。

② 运动轻便、平稳，低速时无爬行现象。导轨运动的不平稳性主要表现在低速运动时导轨速度的不均匀，使运动件出现时快时慢、时动时停的爬行现象。爬行现象主要取决于导轨副中摩擦力的大小及其稳定性。为此，设计时应合理选择导轨的类型、材料、配合间隙、配合表面的几何形状、精度及润滑方式。

③ 耐磨性好。导轨的初始精度由制造保证，而导轨在使用过程中的精度保持性则与导轨面的耐磨性密切相关。导轨的耐磨性主要取决于导轨的类型、材料，导轨表面的粗糙度及硬度，润滑状况和导轨表面压强的大小。

④ 对温度变化的不敏感性。即导轨在温度变化的情况下仍能正常工作。导轨对温度变化的不敏感性主要取决于导轨类型、材料及导轨配合间隙等。

⑤ 足够的刚度。在载荷的作用下，导轨的变形不应超过允许值。刚度不足不仅会降低导向精度，还会加快导轨面的磨损。刚度主要与导轨的类型、尺寸以及导轨材料等有关。

⑥ 结构工艺性好。导轨的结构应力求简单，便于制造、检验和调整，从而降低成本。

3. 导轨间隙的调整

为保证导轨正常工作，导轨滑动表面之间应保持适当的间隙。间隙过小会增大摩擦力，间隙过大又会降低导向精度。为获得必要的间隙，常采用以下办法：

① 采用磨、刮相应的结合面或加垫片的方法，以获得合适的间隙。

② 采用平镶条调整间隙。平镶条为一平行六面体，其截面形状为矩形[见图 2 - 14 （a）]或平行四边形[见图 2 - 14 （b）]。调整时，只要拧动沿镶条全长均布的几个螺钉，便能调整导轨的侧向间隙，调整后再用螺母锁紧。平镶条制造容易，但在全长上只有几个点受力，容易变形，故常用于受力较小的导轨。缩短螺钉间的距离加大镶条厚度(h)有利于镶条压力均匀分布，当 $L/h=3\sim4$ 时，镶条压力基本上均布[见图 2 - 14 （c）]。

③ 采用斜镶条调整间隙。斜镶条的侧面磨成斜度很小的斜面，导轨间隙是用镶条的纵向移动来调整的，为了缩短镶条长度，一般将其放在运动件上。

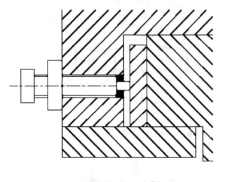 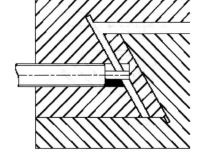

(a) 平镶条截面形状为矩形　　　　　　(b) 平镶条截面形状为平行四边形

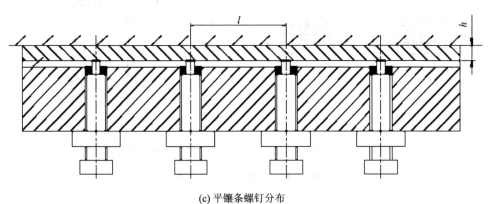

(c) 平镶条螺钉分布

图 2-14 平镶条调整导轨间隙

图 2-15（a）的结构简单，但螺钉凸肩与斜镶条的缺口间不可避免地存在间隙，可能使镶条产生窜动。图 2-15（b）所示的结构较为完善，但轴向尺寸较长，调整也较麻烦。图 2-15（c）是由斜镶条两端的螺钉对间隙进行调整，镶条的形状简单，便于制造。图 2-15（d）是用斜镶条调整燕尾导轨间隙的实例。

4. 提高导轨耐磨性的措施

为使导轨在较长的使用期间内保持一定的导向精度，必须提高导轨的耐磨性。由于磨损速度与材料性质、加工质量、表面压强、润滑及使用维护等因素直接有关，故欲提高导轨的耐磨性，须从这些方面采取措施。

（1）合理选择导轨的材料及热处理

用于导轨的材料，应耐磨性好，摩擦系数小，并具有良好的加工和热处理性质。常用的材料与性能见表 2-5。

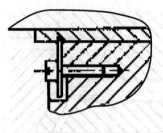

(a) 采用螺钉调整间隙

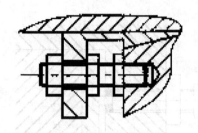

(b) 采用螺柱、螺母调整间隙

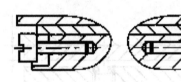

(c) 采用两端螺钉调整间隙

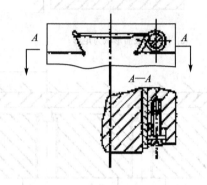

(d) 间隙调整实例

图 2-15　斜镶条调整导轨间隙

表 2-5　常用材料与性能

材料选择	主要代表材料及性能特点
铸　铁	如 HT200、HT300 等,均有较好的耐磨性。采用高磷铸铁(磷质量分数高于 0.3%)、磷铜钛铸铁和钒钛铸铁做导轨,耐磨性比普通铸铁分别提高 1～4 倍。铸铁导轨硬度一般为 180～200 HBS。为提高其表面硬度,采用表面淬火工艺,表面硬度可达 55 HBS,导轨的耐磨性可提高 1～3 倍
钢	常用的有碳素钢(40、50、T8A、T10A)和合金钢(20Cr、40Cr),淬硬后钢导轨的耐磨性一般比铸铁导轨高 5～10 倍。要求高的可用 20Cr 制成,渗碳后淬硬至 56～62 HRC;要求低的用 40Cr 制成,高频淬火硬度至 52～58 HRC。钢质导轨一般做成条状,用螺钉及销钉固定在铸铁机座上,螺钉的尺寸和数量必须保证良好的接触刚度,以免引起变形
有色金属	常用的有黄铜、锡青铜、超硬铝(LC₄)、铸铝(ZL₆)等
塑　料	聚四氟乙烯具有优良的减磨、耐磨和抗振性能,工作温度适应范围广(−200～280 ℃),静、动摩擦系数都很小,是一种良好的减磨材料

（2）减小导轨面压强

导轨面的平均压强越小，分布越均匀，则磨损越均匀，磨损量越小。导轨面的压强取决于导轨的支承面积和负载，设计时应保证导轨工作面的最大压强不超过允许值。为此，许多精密导轨，常采用卸载导轨，即在导轨截荷的相反方向给运动件施加一个机械的或液压的作用力（卸载力），抵消导轨上的部分载荷，从而达到既保持导轨面间仍为直接接触，又减小导轨工作面压力的目的。一般卸载力取为运动件所受总重力的 2/3 左右。

① 静压卸载导轨（见图 2-16）。在运动件导轨面上开有油腔，通入压力为 p 的液压油，对运动件施加一个小于运动件所受载荷的浮力，以减小导轨面的压力。油腔中的液压油经过导轨表面宏观与微观不平度所形成的间隙流出导轨，回到油箱。

② 水银卸载导轨（见图 2-17）。在运动件下面装有浮子 1（木块），并置于水银槽 2 中，利用水银产生的浮力抵消运动组件的部分重力。这种卸载方式结构简单，缺点是水银蒸气有毒，故必须采取防止水银挥发的措施。

③ 机械卸载导轨（见图 2-18）。选用刚度合适的弹簧，并调节其弹簧力，以减小导轨面直接接触处的压力。

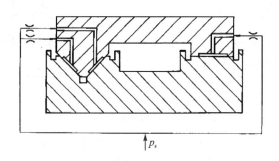

p_s

图 2-16 静压卸载导轨原理

（3）保证导轨良好的润滑

保证导轨良好的润滑，是减小导轨摩擦和磨损的另一个有效措施。这主要是润滑油的分子吸附在导轨接触表面，形成厚度为 0.005～0.008 mm 的一层极薄的油膜，从而阻止或减少了导轨面间直接接触的缘故。

由于滑动导轨的运动速度一般较低，并且往复反向运动和停顿相间进行，不易形成油楔，因此，要求润滑油具有合适的钻度和较好的油性，以防止导轨出现干摩擦现象。

选择导轨润滑油的主要原则是：载荷越大，速度越低，则油的钻度应越大；垂直导轨的润滑油钻度，应比水平导轨润滑油的钻度大些。在工作温度变化时，润滑油的钻度变化要小。润滑油应具有良好的润滑性能和足够的油膜强度，不浸蚀机件，油中的杂质应尽量少。

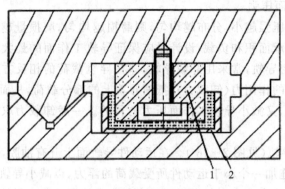

1—浮子；2—水银槽

图 2-17 水银卸载导轨原理

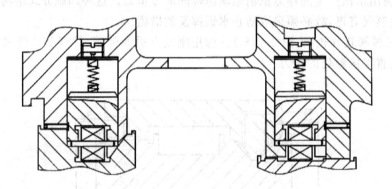

图 2-18 机械卸载导轨原理

对于精密机械中的导轨，应根据使用条件和性能特点来选择润滑油。常用的润滑油有机油、精密机床液压导轨油和变压器油等，还有少数精密导轨，选用润滑脂进行润滑。

关于润滑方法，对于载荷不大、导轨面较窄的精密仪器导轨，通常只需直接在导轨上定期地用手加油即可，导轨面也不必开出油沟。对于大型及高速导轨，则多用手动油泵或自动油泵润滑，并在导轨面上开出合适形状和数量的油沟，以使润滑油在导轨工作表面上分布均匀。

（4）提高导轨的精度

提高导轨精度主要是保证导轨的直线度和各导轨面间的相对位置精度。导轨的直线度误差都规定在对导轨精度有利的方向上，如精密车床的床身导轨在垂直面内的直线度误差只允许上凸，以补偿导轨中间部分经常使用而产生向下凹的磨损。

适当减小导轨工作面的粗糙度，可提高耐磨性，但过小的粗糙度不易储存润滑油，甚至产生"分子吸力"，以致撕伤导轨面。粗糙度一般要求 $Ra \leqslant 0.32~\mu m$。

2.6.2 滚动摩擦导轨

滚动摩擦导轨(见图2-19)是在运动件和承导件之间放置滚动体(滚珠、滚柱、滚动轴承等),使导轨运动时处于滚动摩擦状态。滚动摩擦导轨元件如图2-20所示。

与滑动摩擦导轨比较,滚动摩擦导轨的特点:

① 摩擦系数小,并且静、动摩擦系数之差很小,故运动灵便,不易出现爬行现象。

② 定位精度高,一般滚动导轨的重复定位误差为 $0.1\sim0.2\ \mu m$,而滑动导轨的定位误差一般为 $10\sim20\ \mu m$。因此,当要求运动件产生精确微量的移动时,通常采用滚动摩擦导轨。

③ 磨损较小,寿命长,润滑简便。

④ 结构较为复杂,加工比较困难,成本较高。

⑤ 对脏物及导轨面的误差比较敏感。

图2-19 滚动摩擦导轨

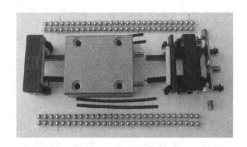

图2-20 滚动摩擦导轨元件

1. 滚珠导轨

图2-21和图2-22是滚珠导轨的两种典型结构形式。在 V 形槽(V 形角一般为90°)中安置着滚珠,隔离架1用来保持各个滚珠的相对位置,固定在承导件上的限动销2与隔离架上的限动槽构成限动装置,用来限制运动件的位移,以免运动件从承导件上滑脱。

V形滚珠导轨的优点是工艺性较好,容易达到较高的加工精度,但由于滚珠和导轨面是点接触,接触应力较大,容易压出沟槽;如果沟槽的深度不均匀,将会降低导轨的精度。为了改善这种情况,可采取如下措施。

① 预先在V形槽与滚珠接触处研磨出一窄条圆弧面的浅槽,从而增加了滚珠与滚道的接触面积,提高了承载能力和耐磨性,但这时导轨中的摩擦力略有增加。

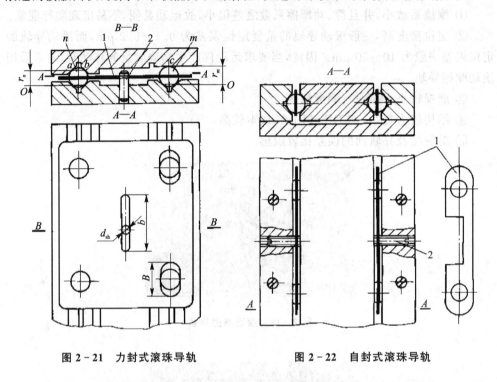

图 2－21 力封式滚珠导轨   图 2－22 自封式滚珠导轨

② 采用双圆弧滚珠导轨[见图 2－23（a）]。这种导轨是把 V 形导轨的 V 形滚道改为圆弧形滚道,以增大滚动体与滚道接触点的综合曲率半径,从而提高导轨的承载能力、刚度和使用寿命。双圆弧滚珠导轨的缺点是形状复杂,工艺性较差,摩擦力较大,当精度要求很高时不易满足使用要求。

为使双圆弧滚珠导轨既能发挥接触面积较大,变形较小的优点,又不致于过分增大摩擦力,应合理确定双圆弧滚珠导轨的主要参数[见图 2－23(b)]。根据使用经验,滚珠半径 r 与滚道圆弧半径 R 之比常取为 $r/R＝0.90～0.95$,接触角 $B＝40°$,导轨两圆弧的中心距 $C＝2(R-r)\sin\theta$。

当要求运动件的行程很大或需要简化导轨的设计和制造时,可采用滚珠循环式导轨。图 2－24 是这种导轨的结构简图,它由运动件 1、滚珠 2、承导件 3 和返回器 4 组成。运动件上有工作滚道 5 和返回滚道 6,与两端返回器的圆弧槽面滚道接通,滚珠在滚道中循环滚动,行程不受限制。

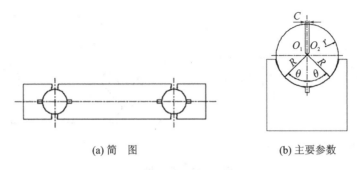

(a) 简 图   (b) 主要参数

图 2 - 23 双圆弧滚珠导轨

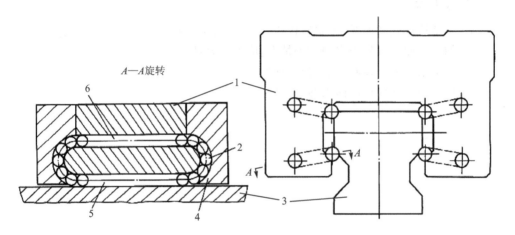

1—运动件;2—滚珠;3—承导件;4—返回器;5—工作滚道;6—返回滚道

图 2 - 24 滚珠循环式导轨结构简图

2. 滚柱导轨和滚动轴承导轨

为了提高滚动导轨的承载能力和刚度,可采用滚柱导轨或滚动轴承导轨。这类导轨的结构尺寸较大,常用在比较大型的精密机械上。

(1) 交叉滚柱 V—平导轨

如图 2 - 25 (a)所示,在 V 形空腔中交叉排列着滚柱,这些滚柱的直径 d 略大于长度 b,相邻滚柱的轴线互相垂直交错,单数号滚柱在 AA_1 面间滚动(与 B_1 面不接触),双数号滚柱在 BB_1 面间滚动(与 A_1 面不接触),右边的滚柱则在平面导轨上运动。这种导轨不用保持架,可增加滚动体数目,提高导轨刚度。

(2) V—平滚柱导轨

如图 2 - 25 (b)所示,这种导轨加工比较容易,V 形滚柱直径 d 与平面导轨滚柱 d_1 之间的关系为 $d = d_1 \sin \dfrac{\alpha}{2}$,其中 α 是 V 形导轨的 V 形角。

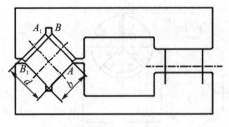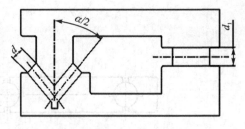

(a) 交叉滚柱V—平导轨   (b) V—平滚柱导轨

图 2－25 滚柱导轨

项目小结

1. 总结检查气动连线、传感器接线、I/O检测及故障排除方法。

2. 如果在加工过程中出现意外情况，应如何处理？

3. 如果采用网络控制，应如何实现？

4. 思考加工站各种可能出现的问题。

项目三　装配单元的安装与调试

项目描述

装配单元的功能是完成将该单元料仓内的黑色或白色小圆柱工件嵌入到放置在装配料斗的待装配工件中的装配过程。通过本单元的训练,了解摆动气缸和导向气缸的工作原理,熟练掌握它们的安装及调整方法,掌握装配单元的安装、调整方法和步骤,掌握带分支步进顺序控制程序的编制方法和技巧。

项目要求

1. 根据项目功能,分析装配单元功能实现的器件选择依据,分析各动作的逻辑顺序,以及动作状态的信号传递;

2. 能完成装配单元机械和气动部件的安装、气路的连接和调试;

3. 按照控制要求设计该工作单元的 PLC 控制电路,包括规划 PLC 的 I/O 分配及接线端子分配,绘制控制电路图,然后进行电器测试;

4. 按照控制要求编制和调试 PLC 程序。

项目实施

3.1　装配单元的基本功能

YL - 335B 装配单元的主要功能为:当系统检测到装配台料斗中有工件,且管型料仓中工件充足时,控制系统自动将单元料仓内的黑色或白色小圆柱工件安放在回转台上,通过摆动气缸将工件输送到气动手指下方,系统检测到气动手指下方有工件时,启动气动手指夹起工件;在导向气缸的作用下,将工件输送到装配台上方,松开手指;将小圆柱工件嵌入到放置在装配料斗的待装配工件中,气缸缩回,完成一个装配动作。图 3 - 1 为装配单元实物全貌。

3.2　装配单元的功能分析与实现

装配单元的主要功能是完成将该单元料仓内的黑色或白色小圆柱工件嵌入到装配料斗的待装配工件中的装配过程。要实现这一动作,需要考虑以下几个问题:

① 在工作过程中各动作需要重复进行,故在动作完成后应恢复到预备状态;

② 各动作是通过何种执行机构实现的?

③ 各动作执行时遇到何种干扰? 如何解决?

④ 工件的到位情况、气缸的位置状态是如何检测的?

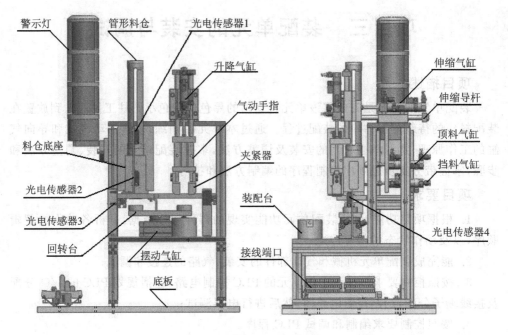

图 3 - 1 装配单元实物全貌

⑤ 如何实现动作的逻辑控制？

⑥ 本单元内的各信号是如何传输的？本工作站的信息是如何传递给主系统的？例如料仓的储料情况，装配单元的工作状态（待加工工件是否到达指定位置）等信息是如何传递给主控制器的？

装配单元的结构组成包括：管形料仓，落料机构，回转物料台，装配机械手，待装配工件的定位机构，气动系统及其阀组，信号采集及其自动控制系统，以及用于电器连接的端子排组件，整条生产线状态指示的信号灯和用于其他机构安装的铝型材支架及底板，传感器安装支架等其他附件。

3.2.1 管形料仓

管形料仓用来存储装配用的金属、黑色和白色小圆柱零件。为了能对料仓供料不足和缺料时报警，在塑料圆管底部和底座处分别安装了 2 个漫反射光电传感器（E3Z - L 型），并在料仓塑料圆柱上纵向铣槽，以使光电传感器的红外光斑能可靠照射到被检测的物料上。光电传感器的灵敏度调整应以能检测到黑色物料为准。

3.2.2 落料机构

图 3 - 2 给出了落料机构示意图。图中，料仓底座的背面安装了两个标准直线气缸。上面的气缸称为顶料气缸，下面的气缸称为挡料气缸。

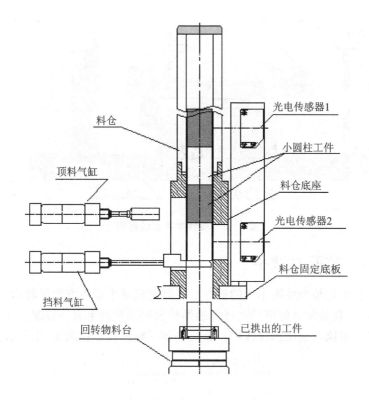

料仓

顶料气缸

挡料气缸

回转物料台

光电传感器1

小圆柱工件

料仓底座

光电传感器2

料仓固定底板

已拱出的工件

图 3 - 2 落料机构示意图

系统气源接通后,顶料气缸的初始位置在缩回状态,挡料气缸的初始位置在伸出状态。这样,当从料仓上面放下工件时,工件将被挡料气缸活塞杆终端的挡块阻挡而不能落下。

需要进行落料操作时,首先使顶料气缸伸出,把次下层的工件夹紧,然后挡料气缸缩回,工件掉入回转物料台的料盘中。之后挡料气缸复位伸出,顶料气缸缩回,次下层工件跌落到挡料气缸终端挡块上,为再一次供料做准备。

3.2.3 回转物料台

该机构由气动摆台和两个料盘组成,气动摆台能驱动料盘旋转180°,从而实现把从供料机构落下到料盘的工件移动到装配机械手正下方的功能。图 3 - 3 中的光电传感器 1 和光电传感器 2 分别用来检测左面和右面料盘是否有零件。两个光电传感器均选用 CX - 441 型。

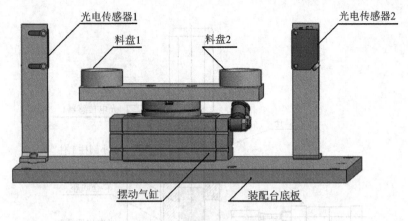

图 3 - 3　回转物料台的结构

3.2.4　装配机械手

装配机械手是整个装配单元的核心。当装配机械手正下方的回转物料台料盘上有小圆柱零件,且装配台侧面的光纤传感器检测到装配台上有待装配工件时,机械手从初始状态开始执行装配操作过程。装配机械手整体外形如图 3 - 4 所示。

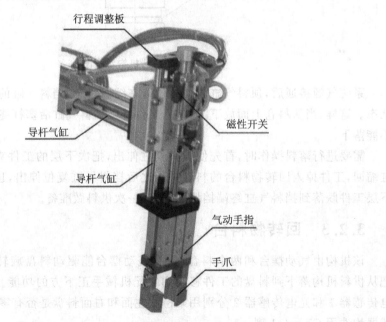

图 3 - 4　装配机械手

装配机械手装置是一个三维运动的机构,它由水平方向移动和竖直方向移动的 2 个导杆气缸和气动手指组成。

装配机械手的运行过程如下：

PLC 驱动与竖直移动气缸相连的电磁换向阀动作，由竖直移动气缸驱动气动手指向下移动；到位后，气动手指驱动手爪夹紧物料，并将夹紧信号通过磁性开关传送给 PLC；在 PLC 控制下，竖直移动气缸复位，被夹紧的物料随气动手指一并提起离开回转物料台的料盘，提升到最高位后水平移动气缸；在与之对应的换向阀的驱动下，它的活塞杆伸出，移动到气缸前端位置后，竖直移动气缸再次被驱动下移，移动到最下端位置，气动手指松开；经短暂延时，竖直移动气缸和水平移动气缸缩回，机械手恢复初始状态。

在整个机械手动作过程中，除气动手指松开到位无传感器检测外，其余动作的到位信号检测均采用与气缸配套的磁性开关，将采集到的信号输入 PLC，由 PLC 输出信号驱动电磁阀换向，使由气缸及气动手指组成的机械手按程序自动运行。

3.2.5　装配台料斗

输送单元运送来的待装配工件直接放置在该机构的料斗定位孔中，由定位孔与工件之间的较小的间隙配合实现定位，从而完成准确的装配动作和定位精度，如图 3 - 5 所示。

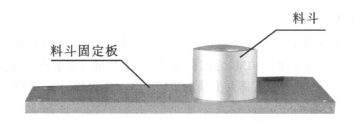

图 3 - 5　装配台料斗

为了确定装配台料斗内是否放置了待装配工件，使用了光纤传感器进行检测。料斗的侧面开了一个 M6 的螺孔，光纤传感器的光纤探头就固定在螺孔内。

3.2.6　警示灯

本工作单元上安装有红、黄、绿三色警示灯，是整个系统警示用的。警示灯由五根引出线：

● 黄绿交叉线为"地线"；

● 红色线即红色灯控制线；

● 黄色线即黄色灯控制线，绿色线即绿色灯控制线；

● 黑色线即信号灯公共控制线。

警示灯及其接线如图 3 - 6 所示。

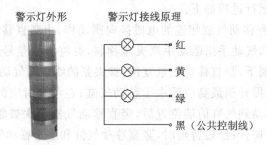

图 3-6 警示灯及其接线

3.3 相关知识

3.3.1 装配单元的气动元件

装配单元所使用的气动执行元件包括标准直线气缸、气动手指、气动摆台和导向气缸。标准直线气缸和气动手指分别在项目一和项目二中已叙述,下面只介绍气动摆台和导向气缸。

1. 气动摆台

回转物料台的主要器件是气动摆台。它是由直线气缸驱动齿轮齿条实现回转运动,回转角度在 0~90°和 0~180°之间任意可调,而且可以安装磁性开关,检测旋转到位信号,多用于方向和位置需要变换的机构。气动摆台如图 3-7 所示。

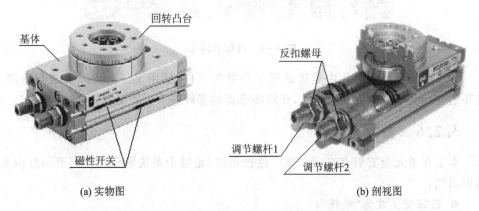

(a) 实物图   (b) 剖视图

图 3-7 气动摆台

气动摆台的摆动回转角度能在 0°~180°范围任意可调。当需要调节回转角度或调整摆动位置精度时,应首先松开调节螺杆上的反扣螺母,通过旋入和旋出调节螺杆,从而改变回转凸台的回转角度。调节螺杆 1 和调节螺杆 2 分别用于左旋和右旋角度的调整。当调整好摆动角度后,应将反扣螺母与基体反扣锁紧,防止调节螺杆松动,造成回转精度降低。

回转到位的信号是通过调整气动摆台滑轨内的 2 个磁性开关的位置实现的。图 3-8 是调整磁性开关位置的示意图。磁性开关安装在气缸体的滑轨内,松开磁性开关的紧定螺丝,磁性开关就可以沿着滑轨左右移动。确定开关位置后,旋紧紧定螺丝,即可完成位置的调整。

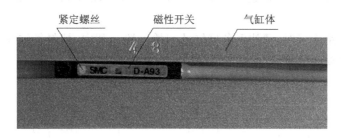

紧定螺丝　　磁性开关　　气缸体

图 3-8　磁性开关位置调整示意图

2. 导向气缸

导向气缸是指具有导向功能的气缸。一般为标准气缸和导向装置的集合体。导向气缸具有导向精度高、抗扭转力矩、承载能力强、工作平稳等特点。

装配单元用于驱动装配机械手水平方向移动的导向气缸外形如图 3-9 所示。该气缸由直线运动气缸、双导杆和其他附件组成。

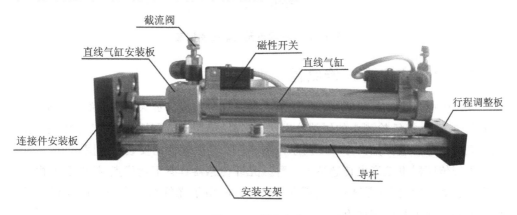

节流阀　　磁性开关　　直线气缸　　行程调整板　　直线气缸安装板　　连接件安装板　　安装支架　　导杆

图 3-9　导向气缸

安装支架用于导杆导向件的安装和导向气缸整体的固定。连接件安装板用于固定其他需要连接到该导向气缸上的物件,并将两导杆和直线汽缸活塞杆的相对位置固定。当直线气缸的一端接通压缩空气后,活塞被驱动作直线运动,活塞杆也一起移动,被连接件安装板固定到一起的两导杆也随活塞杆伸出或缩回,从而实现导向气缸的整体功能。

安装在导杆末端的行程调整板用于调整该导杆气缸的伸出行程。具体调整方法是松开行程调整板上的紧定螺钉,让行程调整板在导杆上移动,当达到理想的伸出距离以后,再完全锁紧紧定螺钉,完成行程的调节。

3. 气动控制回路

装配单元的阀组由 6 个二位五通单电控电磁换向阀组成。这些阀分别对供料、位置变换和装配动作气路进行控制,以改变各自的动作状态。气动控制回路如图 3-10 所示。

在进行气路连接时,请注意各气缸的初始位置。其中,挡料气缸在伸出位置,手爪提升气缸在提起位置。

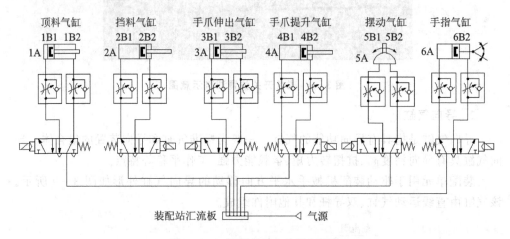

图 3-10 装配单元气动控制回路

3.3.2 认识光纤传感器

光纤传感器由光纤检测头、光纤、放大器三部分组成。放大器和光纤检测头是分离的两个部分,光纤检测头的尾端分出两条光纤,使用时分别插入放大器的两个光纤孔。光纤传感器组件如图 3-11 所示。图 3-12 是放大器的安装示意图。

光纤传感器也是光电传感器的一种。光纤传感器具有下述优点:抗电磁干扰,可工作于恶劣环境,传输距离远,使用寿命长;此外,由于光纤头具有较小的体积,所以可以安装在很小空间的地方。

当光纤传感器灵敏度调得较小时,反射性较差的黑色物体,光电探测器无法接收到反射信号;而反射性较好的白色物体,光电探测器就可以接收到反射信号。反之,若调高光纤传感器灵敏度,则即使对反射性较差的黑色物体,光电探测器也可以接收到反射信号。

图 3-13 给出了光纤传感器放大器单元的俯视图,其中部的 8 旋转灵敏度高速旋钮就能进行放大器灵敏度调节(顺时针旋转灵敏度增大)。调节时,会看到"入光量显示灯"发光的变化。当探测器检测到物料时,"动作显示灯"会亮,提示检测到物料。

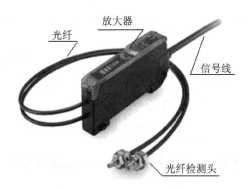

图 3-11　光纤传感器组件

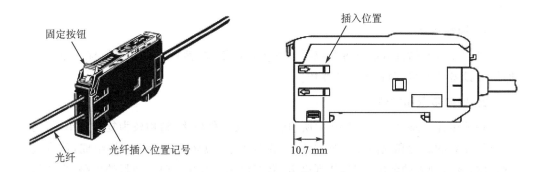

图 3-12　光纤传感器组件外形及放大器的安装示意图

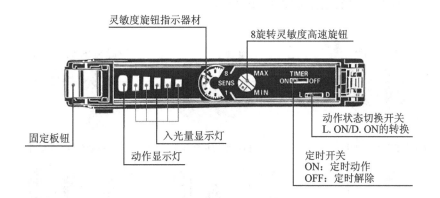

图 3-13　光纤传感器放大器单元的俯视图

E3Z-NA11 型光纤传感器电路框图如图 3-14 所示,接线时请注意根据导线颜色判断电源极性和信号输出线,切勿把信号输出线直接连接到电源＋24 V 端。

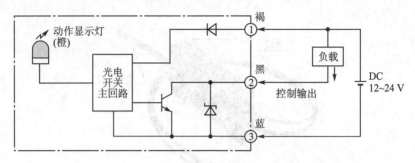

图 3 - 14　E3X - NA11 型光纤传感器电路框图

3.4　装配单元的安装技能训练

1. 训练目标

将装配单元的机械部分拆开成组件和零件的形式,然后再组装成原样。重点掌握机械设备的安装、调整方法与技巧。

2. 安装步骤和方法

装配单元是整个 YL - 335B 中所包含气动元器件较多、结构较为复杂的单元,为了降低安装的难度和提高安装时的效率,在装配前,应认真分析该结构组成,认真观看视频,参考别人的装配工艺,认真思考,做好记录。遵循前两个项目的思路,先成组件,再进行总装。

首先,所装配成的组件如图 3 - 15 所示。

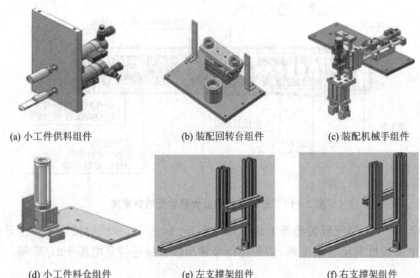

(a) 小工件供料组件　　　(b) 装配回转台组件　　　(c) 装配机械手组件

(d) 小工件料仓组件　　　(e) 左支撑架组件　　　(f) 右支撑架组件

图 3 - 15　装配单元装配过程的组件

在完成图 3-15 所示的组件装配后,把电磁阀组组件安装到底板上,如图 3-16 所示。

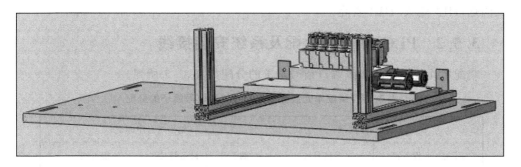

图 3-16　电磁阀组组件安装在底板上

然后把图 3-15 中的组件逐个安装上去,顺序为:左、右支撑架组件→装配回转台组件→小工件料仓组件→小工件供料组件→装配机械手组件。

最后,安装警示灯及其各传感器,从而完成机械部分装配。

装配注意事项:

① 装配时要注意摆台的初始位置,以免装配完后摆动角度不到位。

② 预留螺栓的放置一定要足够,以免造成组件之间不能完成安装。

3.5　装配单元 PLC 控制系统设计

3.5.1　工作任务

① 装配单元各气缸的初始位置:挡料气缸处于伸出状态,顶料气缸处于缩回状态,料仓上已经有足够的小圆柱零件;装配机械手的升降气缸处于提升状态,伸缩气缸处于缩回状态,气动手指的手爪处于松开状态。

设备上电和气源接通后,若各气缸满足初始位置要求,料仓上已经有足够的小圆柱零件,工件装配台上没有待装配工件,则"正常工作"指示灯 HL1 常亮,表示设备准备好;否则,该指示灯以 1 Hz 频率闪烁。

② 设备准备好,按下启动按钮,装配单元启动,"设备运行"指示灯 HL2 常亮。如果回转台上的左料盘内没有小圆柱零件,就执行下料操作;如果左料盘内有零件,而右料盘内没有零件,就执行回转台回转操作。

③ 如果回转台上的右料盘内有小圆柱零件且装配台上有待装配工件,就执行装配机械手抓取小圆柱零件,放入待装配工件中的操作。

④ 完成装配任务后,装配机械手应返回初始位置,等待下一次装配。

⑤ 若在运行过程中按下停止按钮,则供料机构会立即停止供料;在装配条件满足的情况下,装配单元在完成本次装配后停止工作。

⑥ 在运行中发生"零件不足"报警时，指示灯 HL3 以 1 Hz 的频率闪烁，HL1 和 HL2 灯常亮；在运行中发生"零件没有"报警时，指示灯 HL3 以亮 1 s、灭 0.5 s 的方式闪烁，HL2 熄灭，HL1 常亮。

3.5.2　PLC 的 I/O 分配及系统安装接线

装配单元装置侧的接线端口信号端子的分配如表 3－1 所列。

表 3－1　装配单元装置侧的接线端口信号端子的分配

输入端口中间层			输出端口中间层		
端子号	设备符号	信号线	端子号	设备符号	信号线
2	SC1	零件不足检测	2	1Y	挡料电磁阀
3	SC2	零件有无检测	3	2Y	顶料电磁阀
4	SC3	左料盘零件检测	4	3Y	回转电磁阀
5	SC4	右料盘零件检测	5	4Y	手爪夹紧电磁阀
6	SC5	装配台工件检测	6	5Y	手爪下降电磁阀
7	1B1	顶料到位检测	7	6Y	手臂伸出电磁阀
8	1B2	顶料复位检测	8	AL1	红色警示灯
9	2B1	挡料状态检测	9	AL2	橙色警示灯
10	2B2	落料状态检测	10	AL3	绿色警示灯
11	5B1	摆动气缸左限检测	11		
12	5B2	摆动气缸右限检测	12		
13	6B2	手爪夹紧检测	13		
14	4B2	手爪下降到位检测	14		
15	4B1	手爪上升到位检测	15		
16	3B1	手臂缩回到位检测	16		
17	3B2	手臂伸出到位检测	17		

装配单元的 I/O 点较多，选用 S7－226 AC/DC/RLY 主单元，共 24 点输入，16 点继电器输出。装配单元 PLC 的 I/O 分配如表 3－2 所列。图 3－17 是装配单元 PLC 接线原理图。

表 3 - 2　装配单元 PLC 的 I/O 信号表

输入信号				输出信号			
序 号	PLC 输入点	信号名称	信号来源	序 号	PLC 输出点	信号名称	信号来源
1	I0.0	零件不足检测		1	Q0.0	挡料电磁阀	
2	I0.1	零件有无检测		2	Q0.1	顶料电磁阀	
3	I0.2	左料盘零件检测		3	Q0.2	回转电磁阀	
4	I0.3	右料盘零件检测		4	Q0.3	手爪夹紧电磁阀	
5	I0.4	装配台工件检测		5	Q0.4	手爪下降电磁阀	
6	I0.5	顶料到位检测		6	Q0.5	手臂伸出电磁阀	装置侧
7	I0.6	顶料复位检测		7	Q0.6	红色警示灯	
8	I0.7	挡料状态检测		8	Q0.7	橙色警示灯	
9	I1.0	落料状态检测	装置侧	9	Q1.0	绿色警示灯	
10	I1.1	摆动气缸左限检测		10	Q1.1		
11	I1.2	摆动气缸右限检测		11	Q1.2		
12	I1.3	手爪夹紧检测		12	Q1.3		
13	I1.4	手爪下降到位检测		13	Q1.4		
14	I1.5	手爪上升到位检测		14	Q1.5	HL1	
15	I1.6	手臂缩回到位检测		15	Q1.6	HL2	按钮/指示灯模块
16	I1.7	手臂伸出到位检测		16	Q1.7	HL3	
17	I2.0						
18	I2.1						
19	I2.2						
20	I2.3						
21	I2.4	停止按钮					
22	I2.5	启动按钮	按钮/指示灯模块				
23	I2.6	急停按钮					
24	I2.7	单机/联机					

注:警示灯用来指示 YL - 335B 整体运行时的工作状态,工作任务是装配单元单独运行,没有要求使用警示灯,可以不连接到 PLC 上。

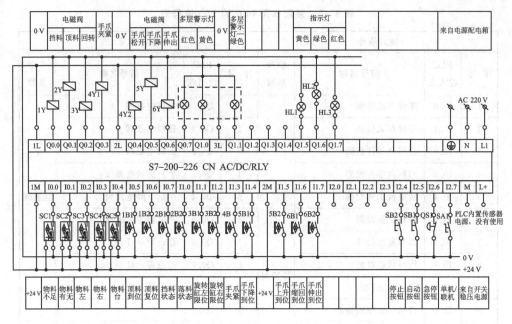

图 3-17　装配单元 PLC 接线原理

3.5.3　编写和调试 PLC 控制程序

1. 编写程序的思路

1) 进入运行状态后,装配单元的工作过程包括两个相互独立的子过程,一个是供料过程,另一个是装配过程。

供料过程就是通过供料机构的操作,使料仓中的小圆柱零件落到摆台左边料盘上;然后摆台转动,使装有零件的料盘转移到右边,以便装配机械手抓取零件。

装配过程是当装配台上有待装配工件,且装配机械手下方有小圆柱零件时,进行装配操作。

在主程序中,当初始状态检查结束,确认单元准备就绪,按下启动按钮进入运行状态后,应同时调用供料控制和装配控制两个子程序(见图 3-18)。

2) 供料控制过程包含两个互相联锁的过程,即落料过程和摆台转动、料盘转移的过程。在小圆柱零件从料仓下落到左料盘的过程中,禁止摆台转动;反之,在摆台转动过程中,禁止打开料仓(挡料气缸缩回)落料。

实现联锁的方法是:

① 当摆台的左限位或右限位磁性开关动作并且左料盘没有料,经定时确认后,开始落料过程;

② 当挡料气缸伸出到位使料仓关闭、左料盘有物料而右料盘为空时,经定时确认后,开始摆台转动,直到达到限位位置。

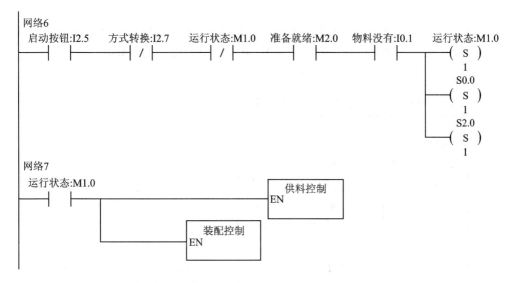

图 3 - 18 装配单元主程序图

图 3 - 19 给出了摆动气缸转动操作的梯形图。

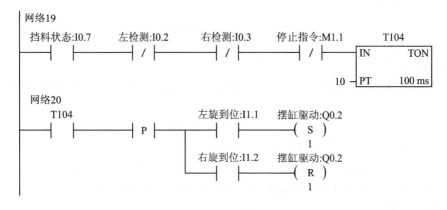

图 3 - 19 摆动气缸转动操作的梯形图

3）供料过程的落料控制和装配控制过程都是单序列步进顺序控制，具体编程步骤这里不再赘述。

4）停止运行，有两种情况。一是在运行中按下停止按钮，停止指令被置位；二是当料仓中最后一个零件落下时，检测物料有无的传感器动作（I0.1 OFF），将发出缺料报警。

对于供料过程的落料控制，上述两种情况均应在料仓关闭，顶料气缸复位到位即返回到初始步后停止下次落料，并复位落料初始步。但对于摆台转动控制，一旦停止指令发出，则应立即停止摆台转动（见图 3 - 19 梯形图）。

对于装配控制，上述两种情况也应在一次装配完成，装配机械手返回到初始位置后停止。

　　仅当落料机构和装配机械手均返回到初始位置,才能复位运行状态标志和停止指令。停止运行的操作应在主程序中编制,其梯形图如图3-20所示。

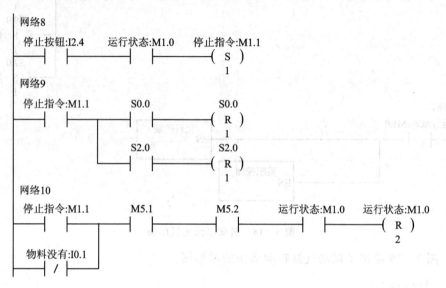

图3-20　停止运行的操作

2. 调试与运行

　　① 调整气动部分,检查气路是否正确,气压是否合理,气缸的动作速度是否合理。

　　② 检查磁性开关的安装位置是否到位,磁性开关工作是否正常。

　　③ 检查I/O接线是否正确。

　　④ 检查传感器安装是否合理,灵敏度是否合适,保证检测的可靠性。

　　⑤ 放入工件,运行程序,看装配单元动作是否满足任务要求。

知识拓展

3.6　机械执行机构

　　机电一体化产品的执行机构是实现其主功能的重要环节,它应该能快速地完成预期的动作,并具有响应速度快、动态特性好、动静态精度高、动作灵敏度高等特点;另外,为便于集中控制,它还应满足效率高、体积小、质量轻、自控性强、可靠性高等要求。

3.6.1　微动机构

　　微动机构是一种能在一定范围内精确、微量地移动到给定位置或实现特定的进给运动的机构。在机电一体化产品中,它一般用于精确、微量地调节某些部件的相对位置。如在仪器的读数系统中,利用微动机构调整刻度尺的零位;在磨床中,用螺旋微动机构调整砂轮架的微量进给;在医学领域中,各种微型手术器械均采用微动机构。

3.6.2　定位机构

定位机构是机电一体化机械系统中一种确保移动件占据准确位置的执行机构,通常采用分度机构和锁紧机构组合的形式来实现精确定位的要求。

分度工作台的功能是完成回转分度运动,在加工中自动实现工件一次安装完成几个面的加工。具体工作方式见图 3-21。

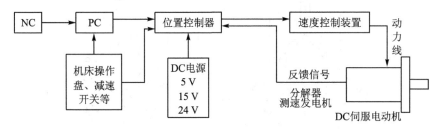

图 3-21　分度工作台的旋转和粗定位的控制原理框图

3.6.3　数控机床回转刀架

数控机床自动回转刀架是在一定空间范围内,能使刀架执行自动松开、转位、精密定位等一系列动作的一种机构。数控车床的刀架是机床的重要组成部分,其结构直接影响机床的切削性能和工作效率。具体工作结构见图 3-22。

图 3-22　立式四方刀架

3.6.4 工业机器人末端执行器

工业机器人是一种自动控制、可重复编程、多功能、多自由度的操作机,用来搬运物料、工件或操作工具以及完成其他各种作业的机电一体化设备。工业机器人末端执行器装在操作机手腕的前端,是直接实现操作功能的机构。

末端执行器因用途不同而结构各异,如圆弧形夹持器(见图3-23)、特种末端执行器(见图3-24)、工具型末端执行器(见图3-25)和万能手(或灵巧手,见如图3-26)。

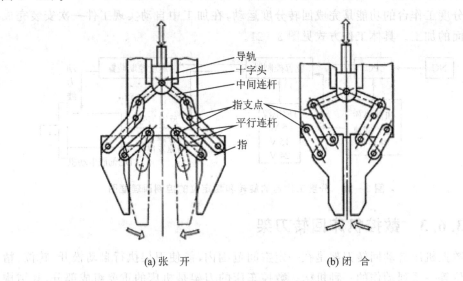

导轨
十字头
中间连杆
指支点
平行连杆
指

(a) 张　开　　　　　　　　　(b) 闭　合

图 3 - 23　圆弧形夹持器

图 3 - 24　特种末端执行器

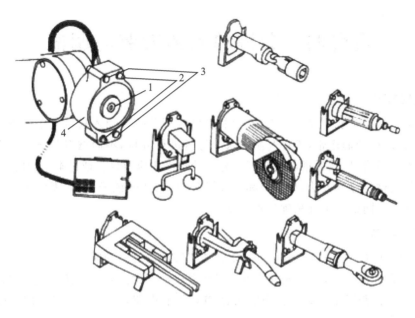

图 3 - 25 工具型末端执行器

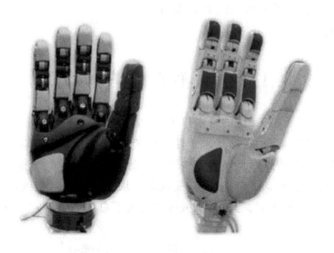

图 3 - 26 灵巧手

项目四　分拣单元的安装与调试

项目描述

分拣单元的功能是对已加工、装配的工件进行分拣。当入料口光电传感器检测到工件时,即启动输送带,工件开始送入分拣区进行分拣,不同材料和颜色的工件被传送到不同料槽口,然后推料气缸工作将工件送入相应料槽。通过本单元的训练,学生需要掌握材料分辨方法,如金属和非金属辨别,工件颜色辨别(如黑色和白色);还需要掌握对不同组合工件精确位置控制。

项目要求

1. 根据项目功能,能够分析分拣单元功能实现的过程和原理;

2. 能合理选择器件,完成分拣单元机械和启动部件的安装、气路的连接和调试;

3. 按照控制要求设计该工作单元的 PLC 控制电路,包括规划 PLC 的 I/O 分配及接线端子分配;

4. 按照控制要求编制和调试 PLC 程序。

项目实施

4.1　分拣单元的基本功能

分拣单元是 YL - 335B 中的最末单元,完成不同颜色的工件从不同的料槽分流的功能。具体的功能:当输送站送来工件放到传送带上并为入料口光电传感器检测到时,即启动变频器,传送带运转将工件送入分拣区进行分拣。分拣单元主要结构包括:传送和分拣机构、传动带驱动机构、变频器模块、电磁阀组、接线端口、PLC 模块、按钮/指示灯模块及底板等。其中,机械部分的装配总成如图 4 - 1 所示。

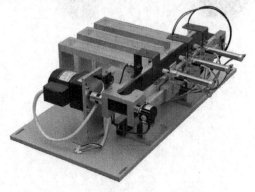

图 4 - 1　分拣单元的机械装配总成

4.2 分拣单元的功能分析与实现

分拣单元需要实现工件的分辨、传送和推料等一系列动作。要实现这些动作,需要考虑以下几个问题:

① 如何实现工件材料和颜色的分辨?

② 工件怎样实现精确传送? 电机是如何选型和设置的?

③ 工件在推送到料槽过程中遇到何种干扰? 如何解决?

④ 如何实现动作的顺序控制?

⑤ 本工作站的信息是如何传递给主系统的? 输送带电机的工作状态(工件是否到达指定位置)等信息是如何传递给主控制器的?

针对上述问题,分拣单元采用了如下方案。

4.2.1 传送和分拣机构

传送和分拣机构主要由传送带、出料滑槽、推料(分拣)气缸、漫射式光电传感器、光纤传感器、磁感应接近式传感器组成。

传送带是把机械手输送过来且加工好的工件进行传输,输送至分拣区。分拣机构是用推料气缸分拣传送带输送过来的工件。三条物料槽分别用于存放加工好的黑色、白色工件或金属工件。

传送和分拣的工作原理:当输送站送来工件放到传送带上并为入料口漫射式光电传感器检测到时,将信号传输给 PLC,通过 PLC 的程序启动变频器,电机运转驱动传送带工作,把工件带进分拣区。如果进入分拣区的工件为白色,则检测白色物料的光纤传感器动作,作为 1 号槽推料气缸启动信号,将白色料推到 1 号槽里;如果进入分拣区的工件为黑色,则检测黑色的光纤传感器动作,作为 2 号槽推料气缸启动信号,将黑色料推到 2 号槽里。自动生产线的加工结束。

4.2.2 传动带驱动机构

传动带驱动机构如图 4-2 所示。传动带驱动机构采用的三相减速电机,用于拖动传送带输送物料。它主要由电机支架、电动机、联轴器等组成。

三相电机是传动机构的主要部分,电机转速的快慢由变频器来控制,其作用是拖动传送带输送物料。电机支架用于固定电机。联轴器用于把电机的轴和输送带主动轮的轴连接起来,从而组成一个传动机构。

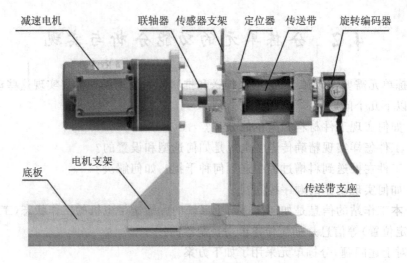

图 4 - 2 传动带驱动机构

4.2.3 气动控制回路

分拣单元的电磁阀组使用了 3 个二位五通的带手控开关的单电控电磁阀,它们安装在汇流板上。这三个阀分别对金属、白料和黑料推动气缸的气路进行控制,以改变各自的动作状态。

分拣单元气动控制回路的工作原理如图 4 - 3 所示。图中,1B1、2B1 和 3B1 分别为安装在各分拣气缸的前极限工作位置的磁感应接近开关。1Y1、2Y1 和 3Y1 分别为控制 3 个分拣气缸电磁阀的电磁控制端。

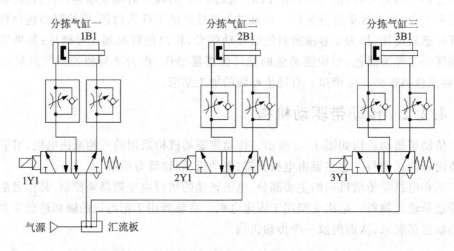

图 4 - 3 分拣单元气动控制回路工作原理图

4.3 分拣单元安装技能训练

4.3.1 训练目标

在了解分拣单元结构组成的基础上,将分拣单元的机械部分拆开成组件和零件的形式,然后再组装成原样。要求掌握机械设备的安装、调整方法与技巧。

4.3.2 分拣单元机械装配

可按如下 4 个阶段进行:

1)完成传送机构的组装,装配传送带装置及其支座,然后将其安装到底板上,如图 4-4 所示。

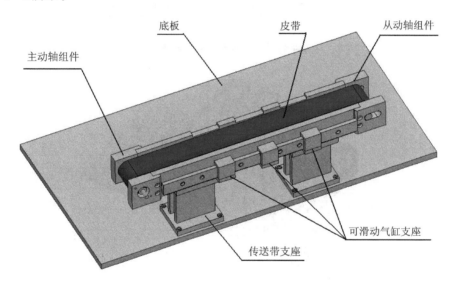

图 4-4 传送机构组件安装

2)完成驱动电机组件的装配,进一步装配联轴器,把驱动电机组件与传送机构相连接并固定在底板上,见图 4-5。

3)完成推料气缸支架、推料气缸、传感器支架、出料槽及支撑板等装配,见图 4-6。

4)完成各传感器、电磁阀组件、装置侧接线端口等装配。

传送带的安装应注意:

① 皮带托板与传送带两侧板的固定位置应调整好,以免皮带安装后凹入侧板表面,造成推料被卡住的现象。

② 主动轴和从动轴的安装位置不能错,主动轴和从动轴的安装板的位置不能相

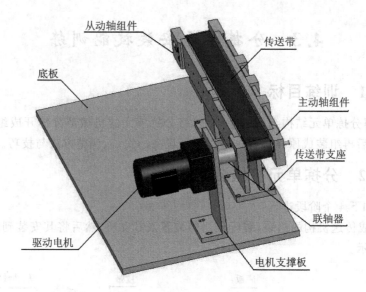

从动轴组件

传送带

底板

主动轴组件

传送带支座

联轴器

驱动电机

电机支撑板

图 4 - 5　驱动电机组件安装

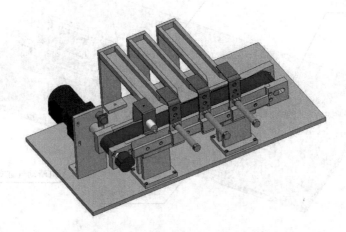

图 4 - 6　机械部件安装完成时的效果图

互调换。

　　③ 皮带的张紧度应调整适中。

　　④ 要保证主动轴和从动轴的平行。

4.4　相关知识

4.4.1　普通带传动

　　带传动是利用张紧在带轮上的带,靠它们之间的摩擦或啮合,在两轴(或多轴)间传递运动或动力,见图 4-7。根据传动原理不同,带传动可分为摩擦型和啮合型两大类,常见的是摩擦带传动。摩擦带传动根据带的截面形状分为平带、V 带、多楔带和圆带等。

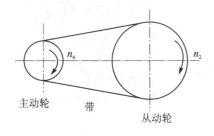 

(a) 摩擦型带传动   (b) 啮合型带传动

图 4-7 带传动的形式

靠摩擦工作的带传动,其优点是:

① 因带是弹性体,所以能缓和载荷冲击,运行平稳无噪声;

② 过载时将引起带在带轮上打滑,因此可防止其他零件损坏;

③ 制造和安装精度不像啮合传动那样严格;

④ 可增加带长以适应中心距较大的工作条件(可达 15 m)。

其缺点是:

① 带与带轮的弹性滑动使传动比不准确,效率较低,寿命较短;

② 传递同样大的圆周力时,外廓尺寸和轴上的压力都比啮合传动大;

③ 不宜用于高温、易燃等场合。

由于传动带的材料不是完全的弹性体,因此带在工作一段时间后会发生伸长而松弛,张紧力降低。因此,带传动应设置张紧装置,以保持正常工作。常用的张紧装置有三种。

(1) 定期张紧装置

定期张紧装置调节中心距使带重新张紧。图 4-8 (a)所示为移动定期张紧装置。将装有带轮的电动机安装在滑轨 1 上,需调节带的拉力时,松开螺母 2,旋转调节螺钉改变电动机位置,然后固定。这种装置适合两轴处于水平或倾斜不大的传动。图 4-8(b)为摆动架和调节螺杆定期张紧装置。将装有带轮的电动机固定在可以摆动的机座上,通过机座绕一定轴旋转使带张紧。这种装置适合垂直的或接近垂直的传动。

(2) 自动张紧装置

自动张紧装置常用于中小功率的传动。图 4-9 所示是将装有带轮的电动机安装在摆架上,利用电动机和摆架的质量,自动保持张紧力。

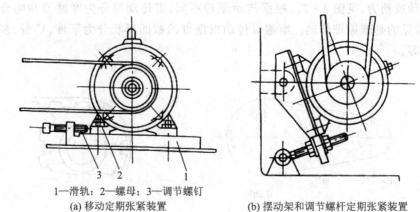

1—滑轨；2—螺母；3—调节螺钉

(a) 移动定期张紧装置　　(b) 摆动架和调节螺杆定期张紧装置

图 4 - 8　定期张紧装置

（3）使用张紧轮的张紧装置

当中心距不能调节时，可使用张紧轮把带张紧，如图 4 - 10 所示。张紧轮一般应安装在松边内侧，使带只受单向弯曲，以减少寿命的损失；同时张紧轮还应尽量靠近大带轮，以减少对包角的影响。张紧轮的使用会降低带轮的传动能力，在设计时应适当考虑。

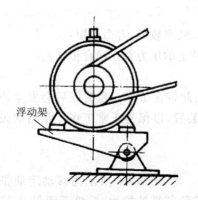

图 4 - 9　电动机的自动张紧装置

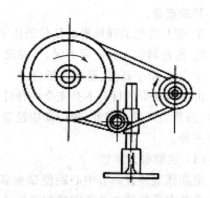

图 4 - 10　张紧轮装置

在工件的传输过程中，传输跑偏问题是经常存在而不可以避免的问题，这里设计了锥形滚筒防跑偏装置。其所占空间小，作用明显，效果好，适用于短距离平带传输。

该装置中滚筒与平带接触的工作部位做成中间大两端小的锥度适宜的双锥形，双锥形的锥顶做成一个圆弧，以增大平带中部位置的受力。其形状示意及平带的速度分析如图 4 - 11 所示。

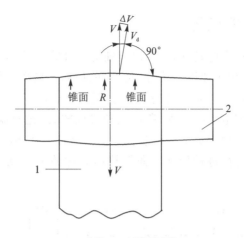

1—皮带；2—双锥面滚筒

图 4 - 11　速度分析示意图

4.4.2　联轴器

联轴器是用来连接不同机构中的两根轴(主动轴和从动轴)使之共同旋转以传递扭矩的机械零件。在高速重载的动力传动中,有些联轴器还有缓冲、减振和提高轴系动态性能的作用。联轴器由两半部分组成,分别与主动轴和从动轴连接。一般动力机大都借助于联轴器与工作机相连接。联轴器的种类很多,常用的精密联轴器有弹性联轴器、膜片联轴器、波纹管联轴器、滑块联轴器、梅花联轴器、刚性联轴器。

本项目中用到的是梅花联轴器,如图 4 - 12 所示。梅花联轴器是一种应用很普遍的联轴器,也叫爪式联轴器,由两个金属爪盘和一个弹性体组成,爪盘采用铝合金。梅花形弹性联轴器利用梅花形弹性元件置于两半联轴器凸爪之间,以实现两半联轴器的连接。梅花联轴器结构简单,承载能力大,使用寿命长,工作稳定可靠,具有较大的轴向、径向和角向补偿能力。

图 4 - 12　梅花联轴器

梅花联轴器的结构特点:

① 中间为弹性体连接;

② 可吸收振动,补偿径向、角向和轴向偏差;

③ 抗油,电气绝缘;

④ 顺时针与逆时针回转特性完全相同;

⑤ 用定位螺丝固定。

4.4.3　旋转编码器

旋转编码器是通过光电转换,将输出至轴上的机械、几何位移量转换成脉冲或数字信号的传感器,主要用于速度或位置(角度)的检测。典型的旋转编码器是由光栅盘和光电检测装置组成的。光栅盘是在一定直径的圆板上等分地开通若干个长方形狭缝。由于光电码盘与电动机同轴,所以电动机旋转时,光栅盘与电动机同速旋转,经发光二极管等电子元件组成的检测装置检测输出若干脉冲信号。其原理示意图如图 4-13 所示。通过计算每秒旋转编码器输出脉冲的个数就能反映当前电动机的转速。

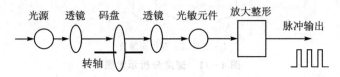

图 4-13　旋转编码器原理示意图

一般来说,根据旋转编码器产生脉冲的方式的不同,可以分为增量式、绝对式以及复合式三大类。自动线上常采用的是增量式旋转编码器。

增量式编码器是直接利用光电转换原理输出三组方波脉冲(A 相、B 相和 Z 相);A、B 两组脉冲相位差 90°,用于辨向:当 A 相脉冲超前 B 相时为正转方向,当 B 相脉冲超前 A 相时为反转方向;Z 相为每转一个脉冲,用于基准点定位,如图 4-14 所示。

YL-335B 分拣单元使用了这种具有 A、B 两相 90°相位差的通用型旋转编码器,用于计算工件在传送带上的位置。编码器直接连接到传送带主动轴上。该旋转编码器的三相脉冲采用 NPN 型集电极开路输出,分辨率 500 线,工作电源为 DC 12～24 V。本工作单元没有使用 Z 相脉冲,A、B 两相输出端直接连接到 PLC(S7-224XP AC/DC/RLY 主单元)的高速计数器输入端。

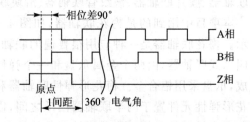

图 4-14　增量式编码器输出的三组方波脉冲

计算工件在传送带上的位置时,需确定每两个脉冲之间的距离即脉冲当量。分拣单元主动轴的直径为 $d=43$ mm,则减速电机每旋转一周,皮带上工件移动距离 $L=\pi d=3.14\times43$ mm$=136.35$ mm。故脉冲当量 μ 为

$$\mu=L/500\approx0.273\ \text{mm}$$

按如图 4-15 所示的安装尺寸,当工件从下料口中心线移动时:
- 移至传感器中心时,旋转编码器约发出 450 个脉冲;
- 移至第一个推杆中心点时,旋转编码器约发出 625 个脉冲;

● 移至第二个推杆中心点时,旋转编码器约发出 1 000 个脉冲;

● 移至第三个推杆中心点时,旋转编码器约发出 1 350 个脉冲。

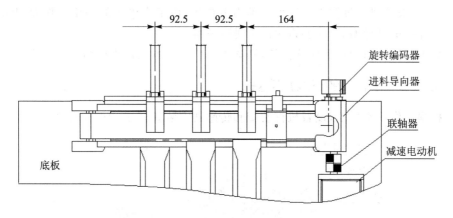

图 4 - 15　传送带位置计算用图

应该指出的是,上述脉冲当量的计算只是理论上的。实际上各种误差因素不可避免,例如传送带主动轴直径(包括皮带厚度)的测量误差,传送带的安装偏差、张紧度,分拣单元整体在工作台面上定位偏差等,都将影响理论计算值。因此理论计算值只能作为估算值。脉冲当量的误差所引起的累积误差会随着工件在传送带上运动距离的增大而迅速增加,甚至达到不可容忍的地步。因而在分拣单元安装调试时,除了要仔细调整尽量减少安装偏差外,还需现场测试脉冲当量值。

现场测试脉冲当量的方法,如何对输入 PLC 的脉冲进行高速计数,以计算工件在传送带上的位置,将结合本项目的工作任务,在 PLC 编程思路中介绍。

4.5　分拣单元的 PLC 控制及编程

4.5.1　工作任务

① 设备的工作目标是完成对白色芯金属工件、白色芯塑料工件和黑色芯的金属或塑料工件进行分拣。为了在分拣时准确推出工件,要求使用旋转编码器作定位检测,并且工件材料和芯体颜色属性应在推料气缸前的适应位置被检测出来。

② 设备上电和气源接通后,若工作单元的三个气缸均处于缩回位置,则"正常工作"指示灯 HL1 常亮,表示设备准备好;否则,该指示灯以 1 Hz 频率闪烁。

③ 若设备准备好,按下启动按钮,系统启动,"设备运行"指示灯 HL2 常亮。当传送带入料口人工放下已装配的工件时,变频器即启动,驱动传动电动机以频率固定为 30 Hz 的速度,把工件带往分拣区。

如果工件为白色芯金属件,则该工件在到达 1 号滑槽中间时,传送带停止,工件被推到 1 号槽中;如果工件为白色芯塑料,则该工件到达 2 号滑槽中间时,传送带停止,工件被推到 2 号槽中;如果工件为黑色芯,则该工件到达 3 号滑槽中间时,传送带停止,工件被推到 3 号槽中。工件被推出滑槽后,该工作单元的一个工作周期结束。仅当工件被推出滑槽后,才能再次向传送带下料。

如果在运行期间按下停止按钮,则该工作单元在本工作周期结束后停止运行。

4.5.2 PLC 的 I/O 接线

根据工作任务要求,设备机械装配和传感器安装如图 4 - 16 所示。

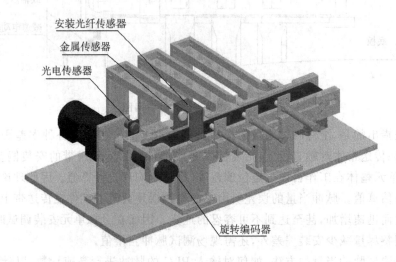

安装光纤传感器
金属传感器
光电传感器
旋转编码器

图 4 - 16 分拣单元机械安装效果图

分拣单元装置侧的接线端口信号端子的分配如表 4 - 1 所列。由于用于判别工件材料和芯体颜色属性的传感器只需安装在传感器支架上的电感式传感器和一个光纤传感器上,故光纤传感器 2 可不使用。

表 4 - 1 分拣单元装置侧的接线端口信号端子的分配

输入端口中间层			输出端口中间层		
端子号	设备符号	信号线	端子号	设备符号	信号线
2	DECODE	旋转编码器 A 相	2	1Y	推杆 1 电磁阀
3		旋转编码器 B 相	3	2Y	推杆 2 电磁阀
4	SC1	光纤传感器 1	4	3Y	推杆 3 电磁阀
5	SC2	光纤传感器 2			
6	SC3	进料口工件检测			
7	SC4	电感式传感器			
8					

输入端口中间层			输出端口中间层		
端子号	设备符号	信号线	端子号	设备符号	信号线
9	1B	推杆 1 推出到位			
10	2B	推杆 2 推出到位			
11	3B	推杆 3 推出到位			
12♯～17♯端子没有连接			5♯～14♯端子没有连接		

分拣单元 PLC 选用 S7 - 224 XP AC/DC/RLY 主单元,共 14 点输入和 10 点继电器输出。选用 S7 - 224 XP 主单元的原因是,当变频器的频率设定值由 HMI 指定时,该频率设定值是一个随机数,需要由 PLC 通过 D/A 变换方式向变频器输入模拟量的频率指令,以实现电机速度连续调整。S7 - 224 XP 主单元集成有 2 路模拟量输入,1 路模拟量输出,有 2 个 RS - 485 通信口。

本项目工作任务仅要求以 30 Hz 的固定频率驱动电机运转,只需用固定频率方式控制变频器即可。本例中,选用 MM420 的端子 5(DIN1)作电机启动和频率控制,PLC 的 I/O 信号见表 4 - 2,I/O 接线原理图如图 4 - 17 所示。

表 4 - 2　分拣单元 PLC 的 I/O 信号表

输入信号				输出信号			
序　号	PLC 输入点	信号名称	信号来源	序　号	PLC 输出点	信号名称	信号输出目标
1	I0.0	旋转编码器 B 相	装置侧	1	Q0.0	电机启动	变频器
2	I0.1	旋转编码器 A 相		2	Q0.1		
3	I0.2	光纤传感器 1		3	Q0.2		
4	I0.3	光纤传感器 2		4			
5	I0.4	进料口工件检测		5	Q0.3		
6	I0.5	电感式传感器		6	Q0.4		
7	I0.6			7	Q0.5		
8	I0.7	推杆 1 推出到位		8	Q0.6		
9	I1.0	推杆 2 推出到位		9	Q0.7	HL1	按钮/指示灯模块
10	I1.1	推杆 3 推出到位		10	Q1.0	HL2	
11	I1.2	启动按钮	按钮/指示灯模块				
12	I1.3	停止按钮					
13	I1.4						
14	I1.5	单站/全线					

为了实现固定频率输出,变频器的参数应如下设置:

- 命令源 P0700＝2(外部 I/O),选择频率设定的信号源参数 P1000＝3(固定 频率);
- DIN1 功能参数 P0701＝16(直接选择 ＋ ON 命令),P1001＝30 Hz;
- 斜坡上升时间参数 P1120 设定为 1 s,斜坡下降时间参数 P1121 设定为 0.2 s。(注:由于驱动电机功率很小,所以此参数设定不会引起变频器过 电压跳闸。)

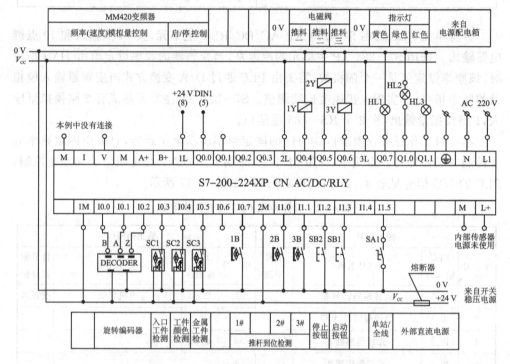

图 4－17 分拣单元 PLC 的 I/O 接线原理图

4.5.3 分拣单元的程序结构

分拣单元的主要工作过程是分拣控制,可编写一个子程序供主程序调用,工作状态显示的要求比较简单,可直接在主程序中编写。

主程序的流程与前面所述的供料、加工等单元是类似的。但由于用高速计数器编程,必须在上电第 1 个扫描周期调用 HSC_INIT 子程序,以定义并使能高速计数器。主程序的编制,请读者自行完成。

分拣控制子程序也是一个步进顺控程序,编程思路如下:

① 当检测到待分拣工件下料到进料口后,清零 HC0 当前值,以固定频率启动变频器驱动电机运转。其梯形图如图 4 – 18 所示。

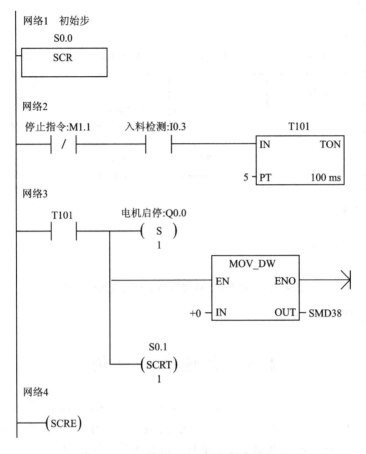

图 4 – 18　分拣控制子程序初始步梯形图

② 当工件经过安装传感器支架上的光纤探头和电感式传感器时,根据两个传感器动作与否,判别工件的属性,决定程序的流向。HC0 当前值与传感器位置值的比较可采用触点比较指令实现。完成上述功能的梯形图见图 4 – 19。

③ 根据工件属性和分拣任务要求,在相应的推料气缸位置把工件推出。推料气缸返回后,步进顺控子程序返回初始步。这部分程序的编制,请读者自行完成。

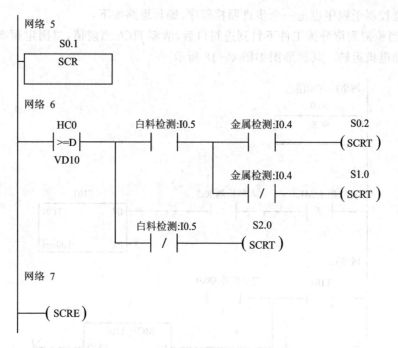

图 4-19　在传感器位置判别工件属性的梯形图

知识拓展

4.6　机械传动机构

机电一体化机械系统应具有良好的伺服性能,从而要求传动机构满足以下几个方面的要求:转动惯量小,刚度大,阻尼合适,此外还要求摩擦小,抗振性好,间隙小,特别是其动态特性与伺服电动机等其他环节的动态特性相匹配。

常用的机械传动部件有齿轮传动、带传动、链传动、螺旋传动以及各种非线性传动部件等。其主要功能是传递转矩和转速。因此,它实质上是一种转矩、转速变换器。

机械传动是一种把动力机产生的运动和动力传递给执行机构的中间装置,是一种扭矩和转速的变换器,其目的是在动力机与负载之间使扭矩得到合理的匹配,并可通过机构变换实现对输出的速度调节。

在机电一体化系统中,伺服电动机的伺服变速功能在很大程度上代替了传统机械传动中的变速机构,只有当伺服电机的转速范围满足不了系统要求时,才通过传动装置变速。

机械传动的种类有螺旋传动,摩擦轮传动,带、链传动,齿轮传动,多点啮合柔性传动等。其主要功能是传递转矩和转速。

4.6.1　齿轮传动

齿轮传动是应用非常广泛的一种机械传动,各种机床中传动装置几乎都离不开齿轮传动。在数控机床伺服进给系统中,采用齿轮传动装置的目的有两个:

① 将高转速低转矩的伺服电机(如步进电机、直流或交流伺服电机等)的输出改变为低转速大转矩的执行件的输出;

② 使滚珠丝杠和工作台的转动惯量在系统中占有较小的比重。

此外,对开环系统还可以保证所要求的精度。

齿轮传动是机械传动中最重要的一种传动形式,各种机械设备几乎都离不开齿轮传动,包括汽车、飞机、发电设备等。齿轮传动是利用两齿轮的轮齿相互啮合传递动力和运动的机械传动。

提高传动精度的结构措施有以下几种:

① 提高零部件本身的精度。

② 合理设计传动链,减少零部件制造、装配误差对传动精度的影响:

● 合理选择传动形式;

● 合理确定级数和分配各级传动比;

● 合理布置传动链。

③ 采用消隙机构,以减少或消除空程。

由于数控设备进给系统经常处于自动变向状态,反向时如果驱动链中的齿轮等传动副存在间隙,就会使进给运动的反向滞后于指令信号,从而影响其驱动精度。因此必须采取措施消除齿轮传动中的间隙,以提高数控设备进给系统的驱动精度。以下介绍几种消除齿轮传动中侧隙的方法。

1. 圆柱齿轮传动

(1) 偏心轴套调整法

图 4-20 所示为简单的偏心轴套式消除间隙的结构。电机 1 是通过偏心轴套 2 装到壳体上,通过转动偏心轴套的转角,就能够方便地调整两啮合齿轮的中心距,从而消除了圆柱齿轮正、反转时的齿侧隙。

(2) 锥度齿轮调整法

图 4-21 是用带有锥度的齿轮来消除间隙的结构。在加工齿轮 1 和 2 时,将假想的分度圆柱面改变成带有小锥度的圆锥面,使其齿厚在齿轮的轴向稍有变化(其外形类似于插齿刀)。装配时只要改变垫片 3 的厚度就能调整两个齿轮的轴向相对位置,从而消除了齿侧间隙。但如果增大圆锥面的角度,啮合条件则将恶化。

以上两种方法的特点是结构简单,但齿侧隙调整后不能自动补偿。

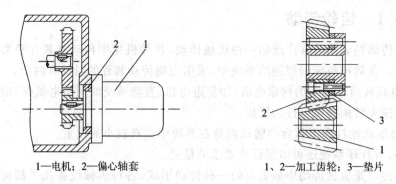

1—电机；2—偏心轴套

图 4 - 20　偏心轴套式消除间隙的结构

1、2—加工齿轮；3—垫片

图 4 - 21　带锥度齿轮消除间隙的结构

（3）双向薄齿轮错齿调整法

采用这种消除齿侧隙的一对啮合齿轮中，其中一个是宽齿轮，另一个是由两相同齿数的薄片齿轮套装而成的，两薄片齿轮可相对回转。装配后，应使一个薄片齿轮的齿左侧和另一个薄片齿轮的齿右侧分别紧贴在宽齿轮的齿槽左、右两侧，这样错齿后就消除了齿侧隙，反向时不会出现死区。图 4 - 22 为圆柱薄片齿轮可调拉簧错齿调整结构。

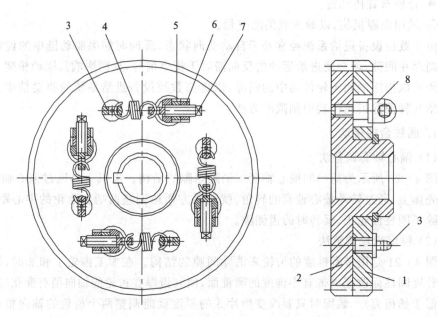

1、2—齿轮；3、8—凸耳；4—弹簧；5、6—螺母；7—螺钉

图 4 - 22　圆柱薄片齿轮可调拉簧错齿调整法

在两个薄片齿轮 1 和 2 的端面均匀分布着四个螺孔,分别装上凸耳 3 和 8;齿轮 1 的端面还有另外四个通孔,凸耳 8 可以从其中穿过。弹簧 4 的两端分别勾在凸耳 3 和调整螺钉 7 上,通过螺母 5 调节弹簧 4 的拉力,调节完毕用螺母 6 锁紧。弹簧的拉力使薄片齿轮错位,即两个薄片齿轮的左右齿面分别紧贴在宽齿轮齿槽的左右齿面上,从而消除了齿侧间隙。

2. 斜齿轮传动

斜齿轮传动齿侧隙的消除方法基本上与上述错齿调整法相同,也是用两个薄片齿轮和一个宽齿轮啮合,只是在两个薄片斜齿轮的中间隔开一小段距离,这样它的螺旋线便错开了。

图 4-23 是垫片错齿调整法,薄片齿轮由平键和轴连接,互相不能相对回转。斜齿轮 1 和 2 的齿形拼装在一起加工。装配时,将垫片厚度增加或减少 t,然后再用螺母拧紧。这时两齿轮的螺旋线就产生了错位,其左右两齿面分别与宽齿轮的齿面贴紧,从而消除了间隙。垫片厚度的增减量 $t = \Delta\cos\beta$;其中 Δ 为齿侧间隙,β 为斜齿轮的螺旋角。

垫片的厚度通常由试测法确定,一般要经过几次修磨才能调整好,因而调整较费时,且齿侧隙不能自动补偿。

图 4-24 是轴向压簧错齿调整法,其特点是齿侧隙可以自动补偿,但轴向尺寸较大,结构不紧凑。

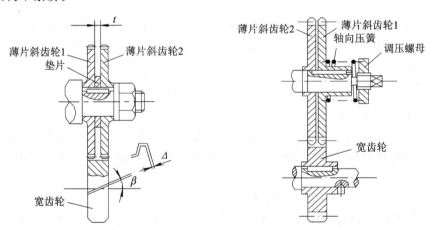

图 4-23 斜齿薄片齿轮垫片错齿调整法 　图 4-24 斜齿薄片齿轮轴向压簧错齿调整法

4.6.2 齿轮齿条传动机构

在机电一体化产品中,对于大行程传动机构往往采用齿轮齿条传动,因为其刚度、精度和工作性能不会因行程增大而明显降低,但它与其他齿轮传动一样也存在齿侧间隙,故应采取消隙措施。

当传动负载小时,可采用双片薄齿轮错齿调整法,使两片薄齿轮的齿侧分别紧贴齿条的齿槽两相应侧面,以消除齿侧间隙。

当传动负载大时,可采用双齿轮调整法。如图 4-25 所示,小齿轮 1、6 分别与齿条 7 啮合,与小齿轮 1、6 同轴的大齿轮 2、5 分别与齿轮 3 啮合,通过预载装置 4 向齿轮 3 上预加负载,使大齿轮 2、5 同时向两个相反方向转动,从而带动小齿轮 1、6 转动,其齿便分别紧贴在齿条 7 上齿槽的左、右侧,消除了齿侧间隙。

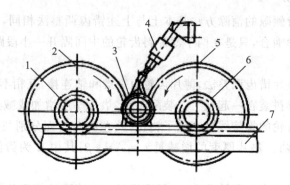

1、6—小齿轮;2、5—大齿轮;3—齿轮;4—预载装置;7—齿条

图 4-25　双齿轮调整

4.6.3　螺旋传动

螺旋传动是机电一体化系统中常用的一种传动形式。根据螺旋传动的运动方式,可以分为两大类:一类是滑动摩擦式螺旋传动,它是将连接件的旋转运动转化为被执行机构的直线运动,如机床的丝杠和与工作台连接的螺母;另一类是滚动摩擦式螺旋传动,它是将滑动摩擦转换为滚动摩擦,完成旋转运动,例如滚珠丝杠螺母副。

1. 滑动螺旋传动

螺旋传动是机电一体化系统中常用的一种传动形式。它是利用螺杆与螺母的相对运动,将旋转运动变为直线运动。滑动螺旋传动具有传动比大、驱动负载能力强和自锁等特点。

(1) 滑动螺旋传动的形式及应用

① 螺母固定,螺杆转动并移动。如图 4-26(a)所示,这种传动形式的螺母本身就起着支承作用,从而简化了结构,消除了螺杆与轴承之间可能产生的轴向窜动,容易获得较高的传动精度。缺点是所占轴向尺寸较大(螺杆行程的两倍加上螺母高度),刚性较差,因此仅适用于行程短的情况。

② 螺杆转动,螺母移动。如图 4-26(b)所示,这种传动形式的特点是结构紧凑(所占轴向尺寸取决于螺母高度及行程大小),刚度较大,适用于工作行程较长的情况。

③ 差动螺旋传动。除上述两种基本传动形式外,还有一种螺旋传动——差动螺

旋传动。其原理如图 4-27 所示。

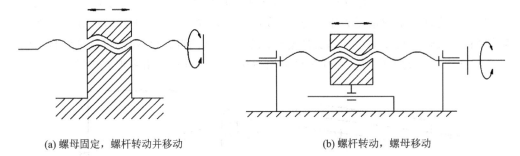

(a) 螺母固定,螺杆转动并移动　　　　　　(b) 螺杆转动,螺母移动

图 4-26　滑动螺旋传动的基本形式

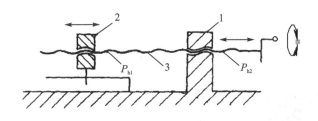

1、2—螺母;3—螺杆

图 4-27　差动螺旋传动原理

设螺杆 3 左、右两段螺纹的旋向相同,且导程分别为 P_{h1} 和 P_{h2}。当螺杆转动 φ 角时,可动螺母 2 的移动距离为

$$l = \frac{\varphi}{2\pi}(P_{h1} - P_{h2})$$

如果 P_{h1} 与 P_{h2} 的差很小,则 l 很小。因此差动螺旋常用于各种微动装置中。若螺杆 3 左、右两段螺纹的旋向相反,则当螺杆转动 φ 角时,可动螺母 2 的移动距离为

$$l = \frac{\varphi}{2\pi}(P_{h1} + P_{h2})$$

可见,此时差动螺旋变成快速移动螺旋,即螺母 2 相对螺母 1 快速趋近或离开。这种螺旋装置用于要求快速夹紧的夹具或锁紧装置中。

(2) 螺旋副零件与滑板连接结构的确定

螺旋副零件与滑板的连接结构对螺旋副的磨损有直接影响,设计时应注意。常见的连接结构有下列几种:

① 刚性连接结构。图 4-28 所示为刚性连接结构,这种连接结构的特点是牢固可靠,但当螺杆轴线与滑板运动方向不平行时,螺纹工作面的压力增大,磨损加剧,严重时 (α、β 较大) 还会发生卡住现象,刚性连接结构多用于受力较大的螺旋传动中。

② 弹性连接结构。图 4-29 所示的装置中,螺旋传动采用了弹性连接结构。片簧 7 的一端在工作台 8(滑板)上,另一端套在螺母的锥形销上。为了消除两者之间的间隙,片簧以一定的预紧力压向螺母(或用螺钉压紧)。当工作台运动方向与螺杆轴线偏斜 α 角时,可以通过片簧变形进行调节。如果偏斜 β 角,螺母可绕轴线自由转动而不会引起过大的应力。弹性连接结构适用于受力较小的精密螺旋传动。

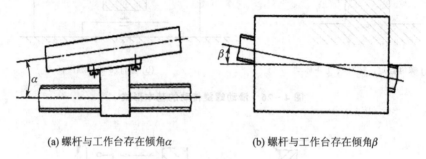

(a) 螺杆与工作台存在倾角α   (b) 螺杆与工作台存在倾角β

图 4-28　刚性连接结构

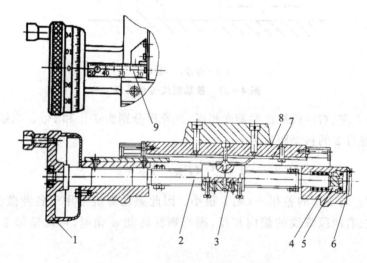

1—转动手轮;2—丝杠;3—活动螺母;4—弹簧;
5—支承钢珠;6—端盖;7—片簧;8—工作台;9—标尺

图 4-29　测量显微镜纵向测微螺旋

③ 活动连接结构。图 4-30 所示为活动连接结构的原理图。恢复力 F(一般为弹簧力)使连接部分保持经常接触。当滑板 1 的运动方向与螺杆 2 的轴线不平行时,通过螺杆端部的球面与滑板在接触处自由滑动[见图 4-30 (a)],或中间杆 3 自由偏斜[见图 4-30(b)],从而可以避免螺旋副中产生过大的应力。

(3) 影响螺旋传动精度的因素及提高传动精度的措施

螺旋传动的传动精度是指螺杆与螺母间实际相对运动保持理论值的准确程度。影响螺旋传动精度的因素主要有以下几项:

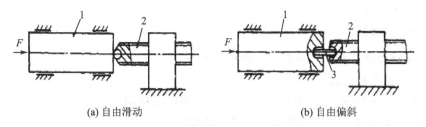

(a) 自由滑动　　　　　　　　　(b) 自由偏斜

1—滑板；2—螺杆；3—中间杆

图 4 - 30　活动连接结构原理图

① 螺纹参数误差。螺纹的各项参数误差中，主要影响传动精度的是螺距误差、中径误差以及牙型半角误差。

② 螺杆轴向窜动误差。如图 4 - 31 所示，若螺杆轴肩的端面与轴承的止推面不垂直于螺杆轴线而有 α_1 和 α_2 的偏差，则当螺杆转动时，将引起螺杆的轴向窜动误差，并转化为螺母位移误差。螺杆的轴向窜动误差是周期性变化的，以螺杆转动一周为一个循环。

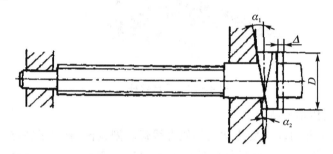

图 4 - 31　螺杆轴向窜动误差

③ 偏斜误差。在螺旋传动机构中，当螺杆的轴线方向与移动件的运动方向不平行，而有一个偏斜角时，就会发生偏斜误差。偏斜角对偏斜误差有很大的影响，对其值应该加以控制。

④ 温度误差。当螺旋传动的工作温度与制造温度不同时，将引起螺杆长度和螺距发生变化，从而产生传动误差，这种误差称为温度误差。

（4）消除螺旋传动空回的方法

由于螺旋机构中存在间隙，所以当螺杆的转动方向改变，螺母不能立即产生反向运动，只有螺杆转动某一角度后才能使螺母开始反向运动，这种现象称为空回。对于在正反向传动条件下工作的精密螺旋传动，空回将直接引起传动误差，必须设法予以消除。消除空回的方法就是在保证螺旋副相对运动要求的前提下，消除螺杆与螺母之间的间隙。下面是几种常见的消除空回的方法。

① 利用单向作用力。在螺旋传动中，利用弹簧产生单向恢复力，使螺杆和螺母螺纹的工作表面保持单面接触，从而消除另一侧间隙对空回的影响。

② 调整螺母。

③ 利用塑料螺母。

2．滚珠螺旋传动——滚珠丝杠螺母副机构

(1) 滚珠丝杠结构

如图 4－32 所示，滚珠丝杠副是一种新型的传动机构。它是通过带螺旋槽的丝杠螺母间装有滚珠作为中间传动件来减少摩擦的。

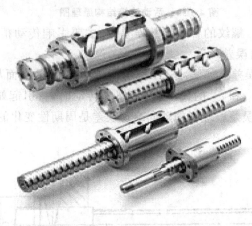

图 4－32　滚珠丝杆

(2)滚珠螺旋传动的特点

滚珠螺旋传动与滑动螺旋传动或其他直线运动副相比,有以下特点:

① 传动效率高:一般滚珠丝杠副的传动效率达 90％～95％,耗费能量仅为滑动丝杆的 1/3。

② 运动平稳:滚动摩擦系数接近常数,启动与工作摩擦力矩差别很小。启动时无冲击,预紧后可消除间隙产生过盈,提高接触刚度和传动精度。

③ 工作寿命长:滚珠丝杠螺母副的摩擦表面为高硬度(58～62 HRC)、高精度,具有较长的工作寿命和精度保持性。寿命为滑动丝杆副的 4～10 倍以上。

④ 定位精度和重复定位精度高:由于滚珠丝杆副摩擦小、温升小、无爬行、无间隙,故通过预紧进行预拉伸以补偿热膨胀。因此可达到较高的定位精度和重复定位精度。

⑤ 同步性好:用几套相同的滚珠丝杆副同时传动几个相同的运动部件,可得到较好的同步运动。

⑥ 可靠性高:润滑密封装置结构简单,维修方便。

⑦ 不能自锁:用于垂直传动时,必须在系统中附加自锁或制动装置。

⑧ 制造工艺复杂:滚珠丝杠和螺母等零件加工精度、表面粗糙度要求高,故制造成本较高。

（3）工作过程

滚珠螺旋传动是在丝杠和螺母间放入适量的滚珠,使滑动摩擦变为滚动摩擦的螺旋传动。滚珠螺旋传动是由螺杆(丝杠)、螺母、滚珠和滚珠循环返回装置四部分组成的。当螺杆(丝杠)转动时,滚珠沿螺纹滚道滚动。为了防止滚珠从滚道面掉出来,螺母上设有滚珠循环返回装置,构成了一个滚珠循环通道,滚珠从滚道的一端滚出后,沿着循环通道返回另一端,重新进入滚道,从而构成一闭合回路。

（4）滚珠的循环方式

滚珠丝杠副中滚珠的循环方式有内循环和外循环两种。

内循环:如图 4-33 所示,滚珠在循环过程中始终与丝杠表面保持接触。

外循环:如图 4-34 和图 4-35 所示,在循环时滚珠与丝杠滚道脱离。

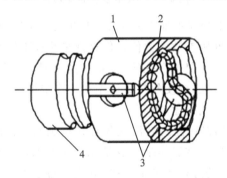

1—螺母座;2—滚珠;3—反向器;4—丝杠

图 4-33 内循环

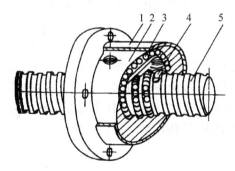

1—螺母;2—套筒;3—滚珠;4—导珠器;5—丝杠

图 4-34 螺旋槽式外循环形式

（5）滚珠丝杠副间隙调整与预紧

滚珠丝杠螺母副的调整主要是对丝杠螺母副轴向间隙进行消除。轴向间隙是指丝杠和螺母在无相对转动时,两者之间的最大轴向窜动量。除了结构本身的游隙之外,在施加轴向载荷后,轴向变形所造成的窜动量也包括在其中。一般在机械加工过程中消除滚珠丝杠螺母副的轴向间隙,满足加工精度要求的办法有以下两种。

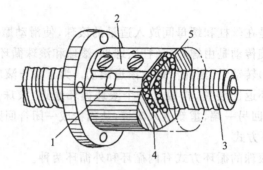

1—弯管；2—外加压板；3—丝杠；4—滚珠；5—螺母

图 4-35　插管式外循环结构

① 软调整法：在加工程序中加入刀补数，刀补数等于所测得的轴向间隙数或是调整数控机床系统轴向间隙参数的数值。但这都是治标不治本的办法。因为滚珠丝杠螺母副的轴向间隙事实上仍是存在的，只是在走刀时或工作台移动时多运行一段距离而已。由于间隙的存在，会使丝杠螺母副在工作中加速损坏，还会使机床振动加剧，噪声加大，机床精加工期缩短，等等。

② 硬调整法：是使用机械性的方法使丝杠螺母副间隙消除，实现真正的无间隙进给。这种办法对机床的日常工作维护也是相当重要的，是解决机床间隙进给的根本办法，但相对软调整法的过程要复杂一些，并需经过多次调整，才可达到理想的工作状态。在此主要对滚珠丝杠螺母副的硬性间隙调整作较详细的介绍。

滚珠丝杠螺母副一般是通过调整预紧力来消除间隙（硬调整）的，消除间隙时要注意考虑以下情况：预加力能够有效减小弹性变形所带来的轴向位移，但不可过大或过小。过大的预紧力将增加滚珠之间及滚珠与螺母、丝杠间的摩擦阻力，降低传动效率，使滚珠、螺母、螺杠过早磨损或破坏，使丝杠螺母副的寿命缩短。预紧力过小，会造成机床在工作时滚珠丝杠螺母副的轴向间隙量没有得到消除，或没有完全消除，使工件的加工精度达不到要求。所以，滚珠丝杠螺母副一般都要经过多次调整才能保证在最大轴向载荷下，既消除了间隙，又能灵活运转。

项目小结

1. 总结检查气动连线、传感器接线、I/O 检测及故障排除方法。
2. 如果在分拣过程中出现意外情况，应如何处理？
3. 如果采用网络控制，应如何实现？
4. 思考分拣单元各种可能会出现的问题。

项目五　输送单元的安装与调试

项目描述

输送单元是通过直线运动传动机构驱动抓取机械手装置到指定单元的物料台上精确定位，并在该物料台上抓取工件，把抓取到的工件输送到指定地点然后放下，实现传送工件的功能。通过本单元的功能分析、安装与调试，使学生掌握同步带传动机构的结构和工作特点，掌握其安装及调整方法，熟练掌握伺服电机及驱动器的安装、接线及参数设定的方法与步骤，进一步掌握 PLC 定位控制指令的编程技能。

项目要求

1. 根据项目功能，分析输送单元功能实现的器件选择依据；
2. 能完成输送单元机械和气动部件的安装、气路的连接和调试；
3. 按照控制要求设计该工作单元的 PLC 控制电路，完成电气接线、编制和调试 PLC 程序。

项目实施

5.1　输送单元的基本功能

YL-335B 输送单元的基本功能：驱动抓取机械手装置到指定单元的物料台，在物料台上抓取工件，把抓取到的工件输送到指定地点然后放下。

输送单元在网络系统中担任着主站的角色，它接收来自触摸屏的系统主令信号，读取网络上各从站的状态信息，加以综合后，向各从站发送控制要求，协调整个系统的工作。

输送单元由抓取机械手、直线运动传动组件、拖链、PLC 模块和接线端口以及按钮/指示灯模块等部件组成。

5.2　输送单元的功能分析与实现

图 5-1 所示为输送单元实物全貌。

输送单元的主要功能是将驱动抓取机械手装置到指定单元的物料台，控制机械手爪旋转、夹紧工件，提升取出工件，旋转、移动到指定地点，下降、松爪释放工件等系列动作，然后回到原点待命。要实现这一推送动作需要考虑以下几个问题：

① 由于输送单元的运动距离较远，采用齿轮、链条等传动形式会带来体积过大等问题，故本单元中采用伺服电机驱动同步带结构实现较远距离的传动；

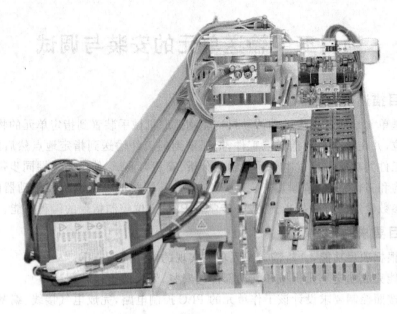

图 5 - 1   输送单元实物全貌

② 推送过程中会遇到何种干扰？如何解决？

③ 推送动作是否将加工工件推送到位？

④ 如何实现动作的顺序控制？

⑤ 本工作站的信息是如何传递给主系统的？例如料仓的储料情况，输送单元的工作状态（待加工工件是否到达指定位置）等信息是如何传递给主控制器的？

针对上述问题，输送单元采用如下方案：

5.2.1 抓取机械手装置

抓取机械手装置是一个能实现四自由度运动（即工作台升降、手指伸缩、气爪夹紧/松开和沿垂直轴旋转的四维运动）的工作单元。该装置整体安装在直线运动传动组件的滑动溜板上，在传动组件带动下整体作直线往复运动，定位到其他各工作单元的物料台，然后完成抓取和放下工件的功能。图 5 - 2 是该装置实物图。

图 5 - 2 说明如下：

① 气动手指：用于在各个工作站物料台上抓取、放下工件，由一个二位五通双向电控阀控制。

② 气缸（上）：用于驱动手臂伸出、缩回，由一个二位五通单向电控阀控制。

③ 气动摆台：用于驱动手臂正反向 90°旋转，由一个二位五通单向电控阀控制。

④ 气缸（下）：用于驱动整个机械手提升与下降，由一个二位五通单向电控阀控制。

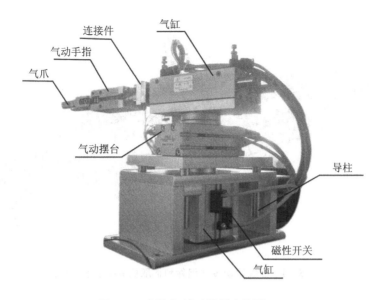

图 5 - 2　抓取机械手装置实物图

5.2.2　直线运动传动组件

直线运动传动组件用以拖动抓取机械手装置作往复直线运动,完成精确定位的功能。图 5 - 3 是该组件的俯视图。

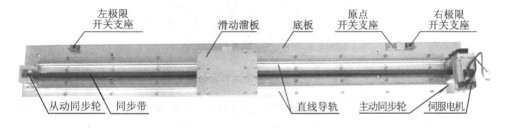

图 5 - 3　直线运动传动组件俯视图

图 5 - 4 是直线运动传动组件和抓取机械手装置组装起来的示意图。

直线传动组件由直线导轨、底板、伺服电机及伺服放大器、同步轮、同步带、滑动溜板、拖链和原点接近开关、左/右极限开关组成。

伺服电机由伺服电机放大器驱动,通过同步轮和同步带带动滑动溜板沿直线导轨作往复直线运动。从而带动固定在滑动溜板上的抓取机械手装置作往复直线运动。

抓取机械手装置上所有气管和导线沿拖链敷设,进入线槽后分别连接到电磁阀组和接线端口上。

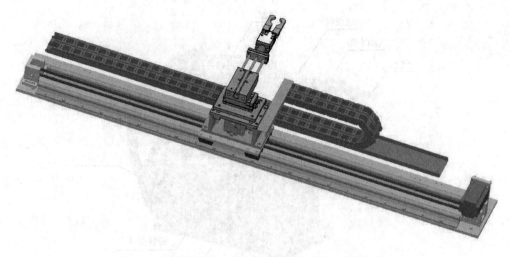

图 5-4　直线运动传动组件和抓取机械手装置示意图

5.2.3　原点接近开关和极限开关

原点接近开关和左/右极限开关安装在直线导轨底板上,如图 5-5 所示。

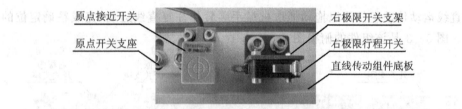

图 5-5　原点接近开关和右极限开关

原点接近开关是一个无触点的电感式接近传感器,用来提供直线运动的起始点信号。关于电感式接近传感器的工作原理及选用、安装注意事项请参阅项目一(供料单元的安装与调试)。

左右极限开关均是有触点的微动开关,用来提供越程故障时的保护信号:当滑动溜板在运动中越过左右极限位置时,极限开关会动作,从而向系统发出越程故障信号。

5.2.4　气动控制回路

输送单元的抓取机械手装置上,所有气缸连接的气管沿拖链敷设,插接到电磁阀组上,其气动控制回路原理如图 5-6 所示。

在气动控制回路中,驱动摆动气缸和手指气缸的电磁阀采用的是二位五通双电控电磁阀,电磁阀外形如图 5-7 所示。

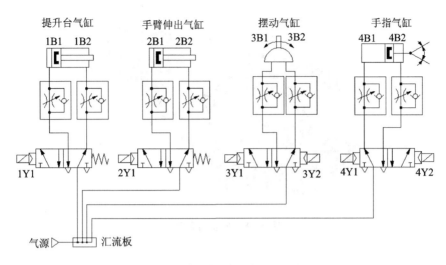

图 5-6　输送单元气动控制回路原理图

双电控电磁阀与单电控电磁阀的区别：对于单电控电磁阀，在无电控信号时，阀芯在弹簧力的作用下会被复位；而对于双电控电磁阀，在两端都无电控信号时，阀芯的位置取决于前一个电控信号。

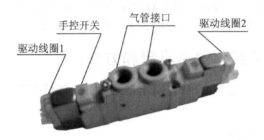

图 5-7　双电控电磁阀

注意：双电控电磁阀的两个电控信号不能同时为 1，即在控制过程中不允许两个线圈同时得电，否则可能会造成电磁线圈烧毁。当然，在这种情况下阀芯的位置是不确定的。

5.2.5　同步齿形带传动

同步齿形带传动是一种新型的带传动，如图 5-8 所示。它利用齿形带的齿形与带轮的轮齿依次相啮合传动运动和动力，因而兼有带传动、齿轮传动及链传动的优点。同步齿形带传动无相对滑动，平均传动比准确，传动精度高，而且齿形带的强度高、厚度小、质量轻，故可用于高速传动；齿形带无需特别张紧，故作用在轴和轴承等上的载荷小，传动效率高，在数控机床上亦有应用。为防止同步带掉带，一般在同步带轮上加装挡板。

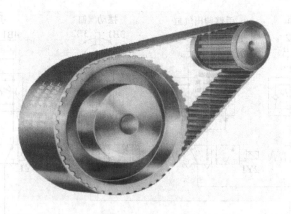

图 5-8 同步齿形带

5.3 输送单元安装技能训练

5.3.1 训练目标

将输送单元的机械部分拆开成组件或零件的形式,然后再组装成原样。要求着重掌握机械设备的安装、运动可靠性的调整,以及电气配线的敷设的方法与技巧。

5.3.2 机械部分安装步骤和方法

为了提高安装的速度和准确性,对本单元的安装同样遵循先成组件,再进行总装的原则。

1. 组装直线运动组件

直线导轨是精密机械运动部件,其安装、调整都要遵循一定的方法和步骤,而且该单元中使用的导轨的长度较长,要快速、准确地调整好两导轨的相互位置,使其运动平稳,受力均匀,运动噪声小,这需要一定的熟练程度和技巧,建议初学者不要进行拆装。

需要将大溜板与两直线导轨上的四个滑块的位置找准并进行固定,在拧紧固定螺栓的时候,应一边推动大溜板左右运动,一边拧紧螺栓。

接下来将连接了 4 个滑块的大溜板从导轨的一端取出。用于滚动的钢球嵌在滑块的橡胶套内,所以一定要避免橡胶套受到破坏或用力太大致使钢球掉落。在大溜板上连接好理顺的同步带,再将大溜板上的 4 个滑块依次和导轨的圆柱套接;并安装好惰轮机构和步进电机固定机构,调整同步带的张紧度。

前面图 5-3 展示了完成装配的直线运动传动组件。

2. 组装机械手装置

抓取机械手装置的装配步骤如下：

① 提升机构组装如图 5 - 9 所示。

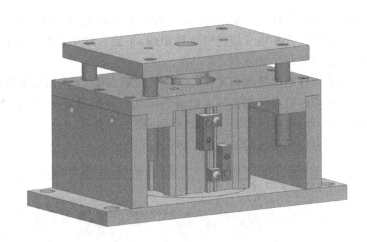

图 5 - 9 提升机构组装

② 把气动摆台固定在组装好的提升机构上，然后在气动摆台上固定导杆气缸安装板。安装时，注意要先找好导杆气缸安装板与气动摆台连接的原始位置，以便有足够的回转角度。

③ 连接气动手指和导杆气缸，然后把导杆气缸固定到导杆气缸安装板上，完成抓取机械手装置的装配。

3. 固定抓取机械手装置

把抓取机械手装置固定到直线运动组件的大溜板上，如图 5 - 10 所示。最后，检

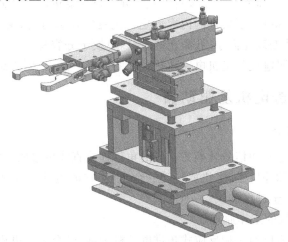

图 5 - 10 装配完成的抓取机械手装置

查气动摆台上的导杆气缸、气动手指组件的回转位置是否满足在其余各工作站上抓取和放下工件的要求,不满足可进行适当的调整。

5.3.3　气路连接和电气配线敷设

当抓取机械手装置作往复运动时,连接到机械手装置上的气管和电气连接线也随之运动。确保这些气管和电气连接线运动顺畅,不会在移动过程中拉伤或脱落是安装过程中重要的一环。

连接到机械手装置上的管线首先绑扎在拖链安装支架上,然后沿拖链敷设,进入管线线槽中。绑扎管线时要注意管线引出端到绑扎处保持足够长度,以免机构运动时被拉紧造成脱落。沿拖链敷设时注意管线间不要相互交叉。

图 5-11 所示为装配完成的输送单元装配侧。

电磁阀组　末端同步轮及固定架　拖链　直线导轨　同步带　　　　抓取机械手装置　步进电机及同步轮机构

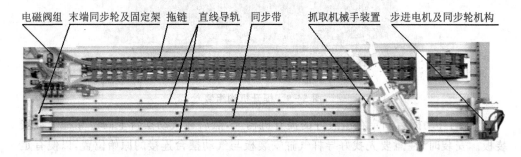

图 5-11　装配完成的输送单元装配侧

5.4　相关知识

输送单元中,驱动抓取机械手装置沿直线导轨作往复运动的动力源,可以是步进电机,也可以是伺服电机,视实训的内容而定。变更实训项目时,由于所选用的步进电机、伺服电机与其安装孔大小、孔距相同,所以更换十分容易。

步进电机和伺服电机都是机电一体化技术的关键产品,分别介绍如下。

5.4.1　步进电机及驱动器

1. 步进电机简介

步进电机是将电脉冲信号转换为相应的角位移或直线位移的一种特殊执行电动机。每输入一个电脉冲信号,电机就转动一个角度,它的运动形式是步进式的,所以称为步进电机,也称步进电动机。

(1) 步进电动机的工作原理

下面以一台最简单的三相反应式步进电动机为例,简介步进电机的工作原理。

图 5 - 12 是一台三相反应式步进电动机的原理图。定子铁芯为凸极式,共有三对(6 个)磁极,每两个空间相对的磁极上绕有一相控制绕组。转子用软磁性材料制成,是凸极结构,只有 4 个齿,且齿宽等于定子的极宽。

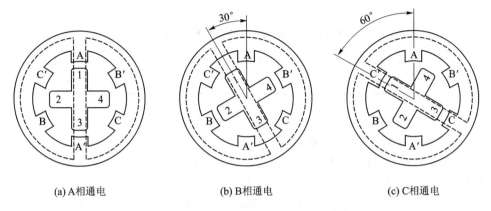

(a) A相通电　　　　　　　(b) B相通电　　　　　　　(c) C相通电

图 5 - 12　三相反应式步进电动机的原理图

当 A 相控制绕组通电,其余两相均不通电时,电机内建立以定子 A 相极为轴线的磁场。由于磁通具有磁阻最小路径的特点,所以能使转子齿 1、3 的轴线与定子 A 相极轴线对齐,如图 5 - 12(a)所示。当 A 相控制绕组断电、B 相控制绕组通电时,转子在反应转矩的作用下,逆时针转过 30°,使转子齿 2、4 的轴线与定子 B 相极轴线对齐,即转子走了一步,如图 5 - 12(b)所示。若断开 B 相,使 C 相控制绕组通电,则转子逆时针方向又转过 30°,使转子齿 1、3 的轴线与定子 C 相极轴线对齐,如图 5 - 12(c)所示。如此,则按 A—B—C—A 的顺序轮流通电,转子就会一步一步地按逆时针方向转动。其转速取决于各相控制绕组通电与断电的频率,旋转方向取决于控制绕组轮流通电的顺序。若按 A—C—B—A 的顺序通电,则电动机按顺时针方向转动。

上述通电方式称为三相单三拍。"三相"是指三相步进电动机;"单三拍"是指每次只有一相控制绕组通电;控制绕组每改变一次通电状态称为一拍,"三拍"是指改变三次通电状态(为一个循环)。把每一拍转子转过的角度称为步距角。三相单三拍运行时,步距角为 30°。显然,这个角度太大,不能付诸实用。

如果把控制绕组的通电方式改为 A→AB→B→BC→C→CA→A,即一相通电接着二相通电,间隔地轮流进行,那么完成一个循环需要经过 6 次改变通电状态,称为三相单双六拍通电方式。当 A、B 两相绕组同时通电时,转子齿的位置应同时考虑到两对定子极的作用,只有 A 相极和 B 相极对转子齿所产生的磁拉力相平衡的中间位置,才是转子的平衡位置。这样,单双六拍通电方式下转子平衡位置增加了一倍,步距角为 15°。

进一步减小步距角的措施是采用定子磁极带有小齿且转子齿数很多的结构。分析表明,这样结构的步进电动机,其步距角可以做得很小。一般地说,实际的步进电机产品,都采用这种方法实现步距角的细分。例如输送单元所选用的 Kinco 三相步进电机 3S57Q - 04056,其步距角在整步方式下为 1.8°,半步方式下为 0.9°。

除了步距角外,步进电机还有保持转矩、阻尼转矩等技术参数。这些参数的物理意义请参阅有关步进电机的专门资料。3S57Q - 04056 部分技术参数如表 5 - 1 所列。

表 5 - 1　3S57Q - 04056 部分技术参数

参数名称	步距角/(°)	相电流/A	保持扭矩/Nm	阻尼扭矩/Nm	电机惯量/(kg·cm²)
参数值	1.8	5.8	1.0	0.04	0.3

（2）步进电机的使用

① 注意要正确安装;②正确接线。

安装步进电机,必须严格按照产品说明的要求进行。步进电机是一精密装置,安装时注意不要敲打它的轴端,更不要拆卸电机。

不同步进电机的接线有所不同,3S57Q - 04056 接线如图 5 - 13 所示,三相绕组的 6 根引出线,必须按头尾相连的原则连接成三角形。改变绕组的通电顺序就能改变步进电机的转动方向。

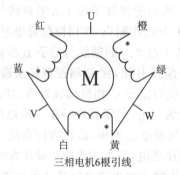

线 色	电机信号
红色	U
橙色	
蓝色	V
白色	
黄色	W
绿色	

图 5 - 13　3S57Q - 04056 的接线

2. 步进电机的驱动装置

步进电机需要由专门的驱动装置(驱动器)供电,驱动器和步进电机是一个有机的整体。步进电机的运行性能是电动机及其驱动器二者配合所反映的综合效果。

一般来说,每一台步进电机都有其对应的驱动器。例如,Kinco 三相步进电机 3S57Q - 04056 与之配套的驱动器是 Kinco 3M458 三相步进电机驱动器。图 5 - 14 是它的外观图,图 5 - 15 是它的典型接线图。驱动器可采用直流 24~40 V 电源供电。YL - 335B 中,该电源由输送单元专用的开关稳压电源(DC 24 V,8 A)供给。输出电流和输入信号规格如下:

① 输出相电流为 3.0~5.8 A,通过拨动开关设定;驱动器采用自然风冷的冷却方式。

② 控制信号的输入电流为 6～20 mA，其输入电路采用光耦隔离。输送单元 PLC 输出公共端 Vcc 使用的是 DC 24 V 电压，所使用的限流电阻 R1 为 2 kΩ。

由图 5 - 15 可见，步进电机驱动器的功能是通过接收来自控制器（PLC）的一定数量和频率脉冲信号以及电机旋转方向的信号，为步进电机输出三相功率脉冲信号。

步进电机驱动器的组成包括脉冲分配器和脉冲放大器两部分，主要解决向步进电机的各相绕组分配输出脉冲和功率放大两个问题。

脉冲分配器是一个数字逻辑单元，它

图 5 - 14　Kinco 3M458 外观

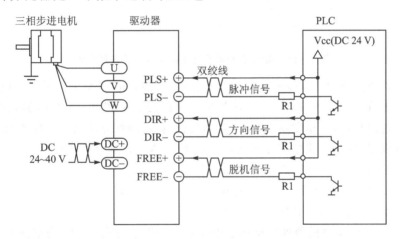

图 5 - 15　Kinco 3M458 的典型接线图

接收来自控制器的脉冲信号和转向信号，把脉冲信号按一定的逻辑关系分配到每一相脉冲放大器上，使步进电机按选定的运行方式工作。由于步进电机各相绕组是按一定的通电顺序并不断循环来实现步进功能的，因此脉冲分配器也称为环形分配器。实现这种分配功能的方法有多种，例如，可以由双稳态触发器和门电路组成，也可以由可编程逻辑器件组成。

脉冲放大器是进行脉冲功率放大的。因为从脉冲分配器输出的电流很小（mA 级），而步进电机工作所需要的电流较大，因此需要进行功率放大。此外，输出的脉冲波形、幅度、波形前沿陡度等因素对步进电机运行性能有重要的影响。3M458 驱动器采取如下措施大大改善了步进电机运行性能：

① 内部驱动直流电压达 40 V，能提供更好的高速性能。

② 具有电机静态锁紧状态下的自动半流功能，可大幅降低电机的发热。为调试方便，驱动器还有一对脱机信号输入线 FREE＋和 FREE－（见图 5－15），当这一信号为 ON 时，驱动器将断开输入到步进电机的电源回路。YL－335A 没有使用这一信号，目的是步进电机上电后，即使静止时也保持自动半流的锁紧状态。

③ 3M458 驱动器利用交流伺服驱动原理，通过脉宽调制技术把直流电压变为三相阶梯式正弦波形电流，如图 5－16 所示。

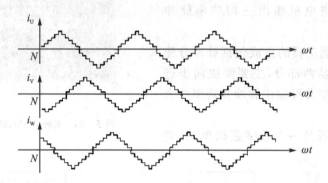

图 5－16　相位差 120°的三相阶梯式正弦波形电流

阶梯式正弦波形电流按固定时序分别流过三路绕组，其每个阶梯对应电机转动一步。通过改变驱动器输出正弦电流的频率来改变电机转速，而输出的阶梯数确定了每步转过的角度，当角度越小时，其阶梯数就越多，即细分就越大。从理论上说，此角度可以设得足够小，这样细分数就可以很大。3M458 具有最高可达 10 000 步/转的驱动细分功能，细分可以通过拨动开关设定。

细分驱动方式不仅可以减小步进电机的步距角，提高分辨率，而且可以减少或消除低频振动，使电机运行更加平稳均匀。

在 3M458 驱动器的侧面连接端子中间有一个红色的八位 DIP 功能设定开关，可以用来设定驱动器的工作方式和工作参数，包括细分设置、静态电流设置和运行电流设置。图 5－17 是 3M458 DIP 开关功能划分说明，表 5－2 为细分设置表，表 5－3 为输出电流设定表。

DIP 开关的正视图

ON 1 2 3 4 5 6 7 8

开关序号	ON功能	OFF功能
DIP1~DIP3	细分设置用	细分设置用
DIP4	静态电流全流	静态电流半流
DIP5~DIP8	电流设置用	电流设置用

图 5－17　3M458 DIP 开关功能划分说明

表 5－2　细分设置表

DIP1	DIP2	DIP3	细　分
ON	ON	ON	400 步/转
ON	ON	OFF	500 步/转
ON	OFF	ON	600 步/转
ON	OFF	OFF	1 000 步/转
OFF	ON	ON	2 000 步/转
OFF	ON	OFF	4 000 步/转
OFF	OFF	ON	5 000 步/转
OFF	OFF	OFF	10 000 步/转

表 5－3　输出电流设置表

DIP5	DIP6	DIP7	DIP8	输出电流/A
OFF	OFF	OFF	OFF	3.0
OFF	OFF	OFF	ON	4.0
OFF	OFF	ON	ON	4.6
OFF	ON	ON	ON	5.2
ON	ON	ON	ON	5.8

步进电机传动组件的基本技术数据如下：

① 3S57Q－04056 步进电机步距角为 1.8°，即在无细分的条件下，200 个脉冲电机转一圈（通过驱动器设置，细分精度最高可以达到 10 000 个脉冲电机转一圈）。

② 输送站传动采用同步轮和同步带，同步轮齿距为 4.67 mm，共 12 个齿，即旋转一周搬运机械手位移 56 mm。

③ 对于采用步进电机作动力源的 YL－335B 系统，出厂时驱动器细分设置为 10 000 步/转，即每一步机械手位移 0.005 6 mm；电机驱动电流设为 5.2 A；静态锁定方式为静态半流。

3. 使用步进电机应注意的问题

控制步进电机运行时，应防止步进电机在运行中失步的问题。

步进电机失步包括丢步和越步。丢步时，转子前进的步数少于脉冲数；越步时，转子前进的步数多于脉冲数。丢步严重时，将使转子停留在一个位置上或围绕一个位置振动；越步严重时，设备将发生过冲。

使机械手返回原点的操作，常常会出现越步情况。当机械手装置回到原点时，原点开关动作，使指令输入 OFF。但如果到达原点前速度过高，惯性转矩将大于步进电机的保持转矩而使步进电机越步。因此，回原点的操作应确保足够低速；当步进电机驱动机械手装配高速运行时紧急停止,出现越步情况不可避免,因此,急停复位后应采取先低速返回原点重新校准,再恢复原有操作的方法。(注:所谓保持扭矩是指电机各相绕组通额定电流,且处于静态锁定状态时,电机所能输出的最大转矩。它是步进电机最主要的参数之一。)

由于电机绕组本身是感性负载,所以输入频率越高,励磁电流就越小。频率高,磁通量变化加剧,涡流损失加大。因此,输入频率增高,输出力矩降低。最高工作频率的输出力矩只能达到低频转矩的 40%~50%。进行高速定位控制时,如果指定频率过高,就会出现丢步现象。

此外,如果机械部件调整不当,会使机械负载增大。步进电机不能过负载运行,哪怕是瞬间,都会造成失步,严重时会停转或不规则原地反复振动。

5.4.2　认知伺服电机及伺服放大器

1. 永磁交流伺服系统概述

现代高性能的伺服系统,大多数采用永磁交流伺服系统,其中包括永磁同步交流伺服电机和全数字交流永磁同步伺服驱动器两部分。

交流伺服电机的工作原理:伺服电机内部的转子是永磁铁,驱动器控制的 U/V/W 三相电形成电磁场,转子在磁场的作用下转动,同时电机自带的编码器反馈信号给驱动器,驱动器将反馈值与目标值进行比较,然后调整转子转动的角度。伺服电机的精度取决于编码器的精度(线数)。

交流永磁同步伺服驱动器主要有伺服控制单元、功率驱动单元、通信接口单元、伺服电动机及相应的反馈检测器件组成。其中,伺服控制单元包括位置控制器、速度控制器、转矩和电流控制器等。其结构组成如图 5-18 所示。

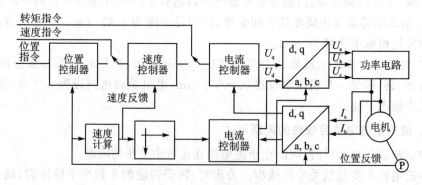

图 5-18　系统控制结构

伺服驱动器均采用数字信号处理器(DSP)作为控制核心,其优点是可以实现比较复杂的控制算法,实现数字化、网络化和智能化。功率器件普遍采用以智能功率模块(IPM)为核心设计的驱动电路,IPM 内部集成了驱动电路,同时具有过电压、过电流、过热、欠压等故障检测保护电路;在主回路中还加入了软启动电路,以减小启动过程对驱动器的冲击。

功率驱动单元首先通过整流电路对输入的三相电或者市电进行整流,得到相应的直流电,再通过三相正弦 PWM 电压型逆变器变频来驱动三相永磁式同步交流伺服电机。

逆变部分(DC - AC)采用功率器件集驱动电路,用于保护电路和功率开关于一体的智能功率模块(IPM),主要拓扑结构采用了三相桥式电路(原理图见图 5 - 19),利用了脉宽调制技术 PWM(Pulse Width Modulation),通过改变功率晶体管交替导通的时间来改变逆变器输出波形的频率,改变每半周期内晶体管的通断时间比。也就是说,通过改变脉冲宽度来改变逆变器输出电压幅值的大小以达到调节功率的目的。

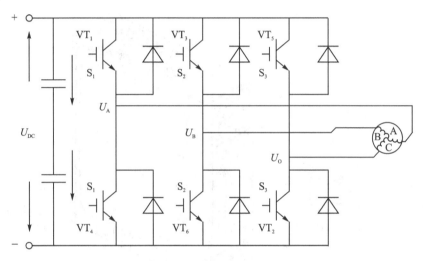

图 5 - 19 三相逆变电路原理图

2. MINAS A4 系列 AC 伺服电机及驱动器

在 YL - 335B 的输送单元中,采用了松下 MHMD022P1U 永磁同步交流伺服电机和 MADDT1207003 全数字交流永磁同步伺服驱动装置,作为机械手的运动控制装置。伺服电机结构示意图见图 5 - 20。

(1) MHMD022P1U 和 MADDT1207003

MHMD022P1U 的含义:MHMD 表示电机类型为大惯量;02 表示电机的额定功率为 200 W;2 表示电压规格为 200 V;P 表示编码器为增量式编码器;脉冲数为 2 500 p/r;分辨率为 10 000;输出信号线为 5 根。

MADDT1207003 的含义:MADDT 表示松下 A4 系列 A 型驱动器;T1 表示最大瞬时输出电流为 10 A;2 表示电源电压规格为单相 200 V;07 表示电流监测器额定电流为 7.5 A;003 表示脉冲控制专用。驱动器的外观和面板如图 5 - 21 所示。

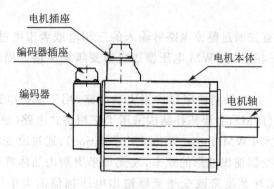

图 5 - 20　伺服电机结构示意图

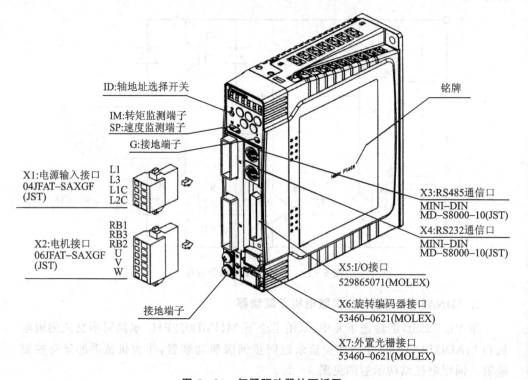

图 5 - 21　伺服驱动器的面板图

（2）接　线

MADDT1207003 伺服驱动器面板上有多个接线端口，其中：

X1：电源输入接口。AC 220 V 电源连接到 L1、L3 主电源端子上，同时连接到控制电源端子 L1C、L2C 上。

X2：电机接口和外置再生放电电阻器接口。U、V、W 端子用于连接电机。必须注意，电源电压务必按照驱动器铭牌上的指示，电机接线端子（U、V、W）不可以接地或短路，交流伺服电机的旋转方向不像感应电动机那样可以通过交换三相相序来改变,必须保证驱动器上的 U、V、W、E 接线端子与电机主回路接线端子按规定的次序一一对应,否则可能造成驱动器损坏。电机的接线端子、驱动器的接地端子以及滤波器的接地端子必须保证可靠连接到同一个接地点上。机身也必须接地。RB1、RB2、RB3 端子是外接放电电阻,MADDT1207003 的规格为 100 Ω/10 W,YL-335B 没有使用外接放电电阻。

X6:连接到电机编码器信号接口。连接电缆应选用带有屏蔽层的双绞电缆,屏蔽层应接到电机侧的接地端子上,并且应确保将编码器电缆屏蔽层连接到插头的外壳(FG)上。

X5:I/O 控制信号端口。其部分引脚信号定义与选择的控制模式有关,不同模式下的接线请参考《松下 A 系列伺服电机手册》。YL-335B 输送单元中,伺服电机用于定位控制,选用位置控制模式,所采用的是简化接线方式,如图 5-22 所示。

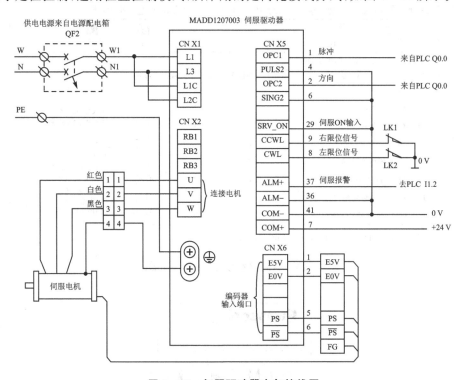

图 5-22　伺服驱动器电气接线图

(3) 伺服驱动器的参数设置与调整

松下的伺服驱动器有 7 种控制运行方式,即位置控制、速度控制、转矩控制、位置/速度控制、位置/转矩控制、速度/转矩控制、全闭环控制。位置控制方式就是输入脉冲串来使电机定位运行,电机转速与脉冲串频率相关,电机转动的角度与脉冲个数相关。速度控制方式有两种:一是通过输入直流-10～+10 V 指令电压调速;二是选用驱动器内设置的内部速度来调速。转矩控制方式是通过输入直流-10～

＋10 V 指令电压调节电机的输出转矩，这种方式下运行必须限制速度，有两种方法：

① 设置驱动器内的参数来限速；

② 输入模拟量电压限速。

（4）参数设置方式操作说明

MADDT1207003 伺服驱动器的参数共有 128 个（Pr00～Pr7F），可以通过与 PC 连接后在专门的调试软件上进行设置，也可以在驱动器的面板上进行设置。

在 PC 上安装驱动器参数设置软件（见图 5 - 23），与伺服驱动器建立通信，就可将伺服驱动器的参数状态读出或写入，非常方便。当现场条件不允许或修改少量参数时，也可以在驱动器操作面板上来完成。驱动器参数设置面板如图 5 - 24 所示，各个按钮的说明如表 5 - 4 所列。

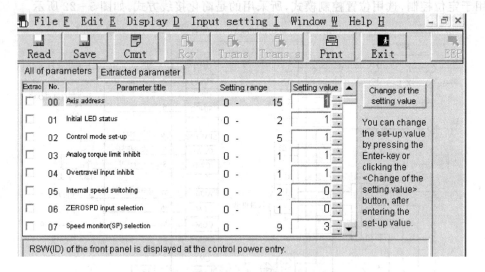

图 5 - 23　驱动器参数设置软件 Panaterm

图 5 - 24　驱动器参数设置面板

表 5 - 4　伺服驱动器面板按钮的说明

按键说明	激活条件	功　能
MODE	在模式显示时有效	在以下 5 种模式之间切换： ① 监视器模式； ② 参数设置模式； ③ EEPROM 写入模式； ④ 自动调整模式； ⑤ 辅助功能模式
SET	一直有效	用于在模式显示和执行显示之间切换
▲ **▼**	仅对小数点闪烁的哪一位数据位有效	改变各模式里的显示内容,更改参数,选择参数或执行选中的操作
◀		把移动的小数点移到更高位

面板操作说明：

① 参数设置。先按 Set 键,再按 Mode 键选择到 Pr00 后,按向上、向下或向左的方向键选择通用参数的项目,按 Set 键进入。然后按向上、向下或向左的方向键调整参数,调整完后,按 S 键返回。选择其他项再调整。

② 参数保存。按 M 键选择到 EE - SET 后按 Set 键确认,出现"EEP —",然后按向上方向键 3 s,出现 FINISH 或 reset,然后重新上电即保存。

③ 手动 JOG 运行。按 Mode 键选择到 AF - ACL,然后按向上、向下方向键选择到 AF - JOG 后按 Set 键一次,显示"JOG —",然后按向上方向键 3 s 显示 ready,再按向左键 3 s 出现 sur - on 锁紧轴,按向上、向下键,单击正反转。

（5）部分参数说明

在 YL - 335B 上,伺服驱动装置工作于位置控制模式,S7 - 226 的 Q0.0 输出脉冲作为伺服驱动器的位置指令;脉冲的数量决定伺服电机的旋转位移,即机械手的直线位移;脉冲的频率决定了伺服电机的旋转速度,即机械手的运动速度。S7 - 226 的 Q0.1 输出脉冲作为伺服驱动器的方向指令。若控制要求较为简单,伺服驱动器可采用自动增益调整模式。根据上述要求,伺服驱动器参数设置如表 5 - 5 所列。

表 5 - 5 伺服驱动器参数设置

序号	参 数		设置数值	功能和含义
	参数编号	参数名称		
1	Pr01	LED初始状态	1	显示电机转速
2	Pr02	控制模式	0	位置控制(相关代码P)
3	Pr04	行程限位禁止输入无效设置	2	若左或右限位动作,则会发生Err38(行程限位禁止输入信号出错报警)。设置此参数值必须在控制电源断电重启之后才能修改、写入成功
4	Pr20	惯量比	1 678	该值自动调整得到,具体请参考AC伺服电动机驱动器使用说明书
5	Pr21	实时自动增益设置	1	实时自动调整为常规模式,运行时负载惯量的变化情况很小
6	Pr22	实时自动增益的机械刚性选择	1	此参数值设得越大,响应越快
7	Pr41	指令脉冲旋转方向设置	1	指令脉冲 + 指令方向。设置此参数值必须在控制电源断电重启之后才能修改、写入成功
8	Pr42	指令脉冲输入方式	3	指令脉冲 + 指令方向 脉冲信号 L低电平 H高电平
9	Pr48	指令脉冲分倍频第1分子	10 000	每转所需指令脉冲数 $=$ 编码器分辨率 $\times \dfrac{Pr4B}{Pr48 \times 2^{Pr4A}}$
10	Pr49	指令脉冲分倍频第2分子	0	例如,编码器分辨率为10 000(2 500 p/r×4),则
11	Pr4A	指令脉冲分倍频分子倍率	0	每转所需指令脉冲数 $=10\ 000 \times \dfrac{Pr4B}{Pr48 \times 2^{Pr4A}}$ $=10\ 000 \times \dfrac{6\ 000}{10\ 000 \times 2^0}$
12	Pr4B	指令脉冲分倍频分母	6 000	$=6\ 000$

注:其他参数的说明及设置请看松下 Ninas A4 系列伺服电机、驱动器使用说明书。

5.4.3 S7 - 200 PLC 的脉冲输出功能及位控编程

S7 - 200 有两个内置 PTO/PWM 发生器,用以建立高速脉冲串(PTO)或脉宽调节(PWM)信号波形。一个发生器指定给数字输出点 Q0.0,另一个发生器指定给数字输出点 Q0.1。

当组态一个输出为 PTO 操作时,生成一个 50% 占空比脉冲串用于步进电机或伺服电机的速度和位置的开环控制。内置 PTO 功能提供了脉冲串输出,脉冲周期和数量可由用户控制。但应用程序必须通过 PLC 内置 I/O 提供方向和限位控制。

为了简化用户应用程序中位控功能的使用,STEP7 - Micro/WIN 提供的位控向导可以帮助用户在很短的时间内全部完成 PWM、PTO 或位控模块的组态。向导可以生成位置指令,用户可以用这些指令在其应用程序中为速度和位置提供动态控制。

1. 开环位控用于步进电机或伺服电机的基本信息

借助位控向导组态 PTO 输出时,需要用户提供一些基本信息,逐项介绍如下:

(1) 最大速度(MAX_SPEED)和启动/停止速度(SS_SPEED)

图 5 - 25 是这两个概念的示意图。

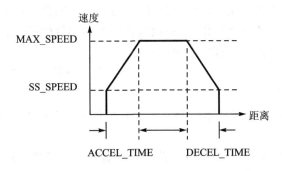

图 5 - 25　最大速度和启动/停止速度示意图

MAX_SPEED 是允许的操作速度的最大值,它应在电机力矩能力的范围内。驱动负载所需的力矩由摩擦力、惯性以及加速/减速时间决定。

SS_SPEED 的数值应满足电机在低速时驱动负载的能力,如果 SS_SPEED 的数值过低,电机和负载在运动的开始和结束时可能会摇摆或颤动。如果 SS_SPEED 的数值过高,电机会在启动时丢失脉冲,并且负载在试图停止时会使电机超速。通常,SS_SPEED 值是 MAX_SPEED 值的 5%～15%。

(2) 加速和减速时间

加速时间 ACCEL_TIME:电机从 SS_SPEED 速度加速到 MAX_SPEED 速度所需的时间。

减速时间 DECEL_TIME:电机从 MAX_SPEED 速度减速到 SS_SPEED 速度所需要的时间。

加速时间和减速时间的缺省设置都是 1 000 ms。通常,电机可在小于 1 000 ms 的时间内工作。图 5 - 26 所示为加速时间和减速时间。这两个值设定时要以 ms 为单位。

注意:电机的加速和失速时间要经过测试来确定。开始时,应输入一个较大的值。逐渐减小这个时间值直至电机开始失速,从而优化应用中的这些设置。

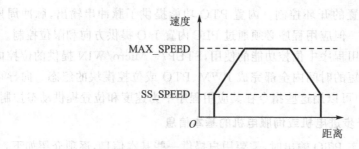

图 5-26 加速时间和减速时间

(3) 移动包络

一个包络是一个预先定义的移动描述,它包括一个或多个速度,影响着从起点到终点的移动。一个包络由多段组成,每段包含一个达到目标速度的加速/减速过程和以目标速度匀速运行的一串固定数量的脉冲。

位控向导提供移动包络定义界面,应用程序所需的每一个移动包络均可在这里定义。PTO 支持最大 100 个包络。

定义一个包络,包括:选择操作模式;为包络的各步定义指标;为包络定义一个符号名。

① 选择包络的操作模式:PTO 支持相对位置和单一速度的连续转动两种模式,如图 5-27 所示。相对位置模式指的是运动的终点位置是从起点侧开始计算的脉冲数量。单速连续转动模式则不需要提供终点位置,PTO 一直持续输出脉冲,直至有其他命令发出,例如到达原点要求停发脉冲。

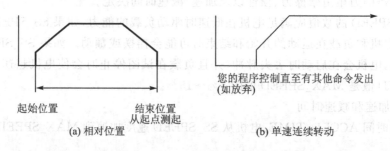

图 5-27 一个包络的操作模式

② 包络中的步。一步是工件运动的一个固定距离,包括加速和减速时间内的距离。PTO 每一包络最大允许 29 步。

每一步包括目标速度和结束位置或脉冲数目等几个指标。图 5-28 所示为一步、两步、三步和四步包络。注意,一步包络只有一个常速段,两步包络有两个常速段,依次类推。步的数目与包络中常速段的数目一致。

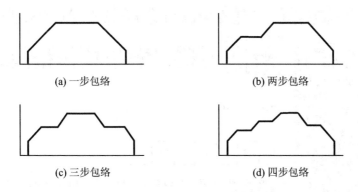

(a) 一步包络　　　　　　　　(b) 两步包络

(c) 三步包络　　　　　　　　(d) 四步包络

图 5 - 28　包络的步数示意

2. 使用位控向导编程

STEP7 V4.0 软件的位控向导能自动处理 PTO 脉冲的单段管线和多段管线、脉宽调制、SM 位置配置和创建包络表。

下面给出一个简单工作任务例子，阐述使用位控向导编程的方法和步骤。表 5 - 6 是这个例子中实现伺服电机运行所需的运动包络。

表 5 - 6　伺服电机运行所需的运动包络

运动包络	站　点	脉冲量	移动方向
1	供料站→加工站,470 mm	85 600	
2	加工站→装配站,286 mm	52 000	
3	装配站→分解站,235 mm	42 700	
4	分拣站→高速回零前,925 mm	168 000	DIR
5	低速回零	单速返回	DIR

使用位控向导编程的步骤如下：

（1）为 S7 - 200 PLC 选择选项组态内置 PTO 操作

在 STEP7 V4.0 软件命令菜单中选择"工具"→"位置控制向导"，即开始引导位置控制配置。在向导弹出的第 1 个界面，选择配置 S7 - 200 PLC 内置 PTO/PWM 操作。在第 2 个界面中选择 Q0.0 作为脉冲输出。接下来的第 3 个界面如图 5 - 29 所示，选择"线性脉冲串输出（PTO）"，并勾选使用高速计数器 HSC0（模式 12）对 PTO 生成的脉冲自动计数的功能。单击"下一步"按钮就开始了组态内置 PTO 操作。

（2）设定电机速度参数

接下来的两个界面，要求设定电机速度参数，包括前面所述的最高电机速度 MAX_SPEED、电机启动/停止速度 SS_SPEED、加速时间 ACCEL_TIME 和减速时间 DECEL_TIME。

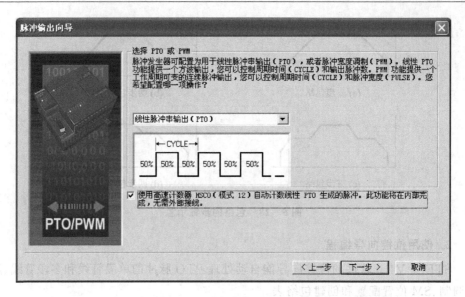

图 5-29 组态内置 PTO 操作选择界面

请在对应的文本框中输入这些数值。例如,输入最高电机速度"90000",把电机启动/停止速度设定为"600",加速时间 ACCEL_TIME 和减速时间 DECEL_TIME 分别设定为 1 000 ms 和 200 ms。完成给位控向导提供基本信息的工作。单击"下一步"按钮,开始配置运动包络界面。

(3) 设置运动包络的界面

图 5-30 是配置运动包络的界面。该界面要求设定操作模式、1 个步的目标速

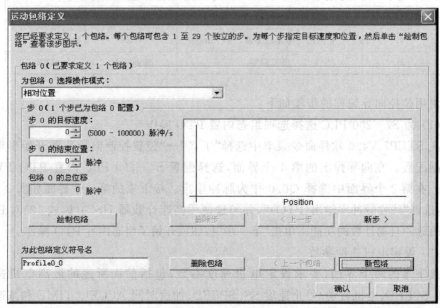

图 5-30 配置运动包络界面

度、结束位置等步的指标,以及定义这一包络的符号名(从第 0 个包络第 0 步开始)。

　　在操作模式选项中选择"相对位置"控制,填写包络 0 中数据目标速度"60000",结束位置"85600",单击"绘制包络"按钮,如图 5 - 31 所示。注意,这个包络只有 1 步。

　　包络的符号名按默认定义(Profile0_0)。这样,第 0 个包络的设置,即从供料站到加工站的运动包络设置就完成了。现在可以设置下一个包络,单击"新包络",按钮按上述方法将表 5 - 7 中前 3 个位置数据输入包络中。

表 5 - 7　包络表的位置数据

站　　点	位移脉冲量	目标速度	移动方向
加工站→装配站,286 mm	52 000	60 000	
装配站→分解站,235 mm	42 700	60 000	
分拣站→高速回零前,925 mm	168 000	57 000	DIR
低速回零	单速返回	20 000	DIR

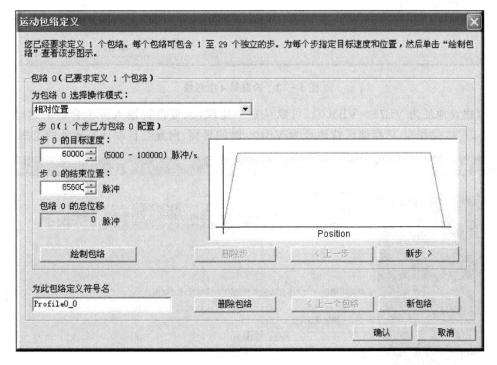

图 5 - 31　设置第 0 个包络

　　表 5 - 7 中最后一行"低速回零",是单速连续运行模式,选择这种操作模式后,在所出现的界面中(见图 5 - 32)写入目标速度"20000"。界面中还有一个包络停止操作选项,是当停止信号输入时再向运动方向按设定的脉冲数走完停止,在本系统不使用。

　　运动包络编写完成后单击"确认"按钮,向导会要求为运动包络指定 V 存储区地

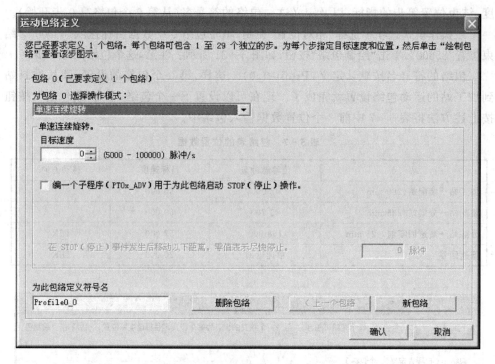

图 5 - 32　设置第 4 个包络

址(建议地址为 VB75～VB300),可默认这一建议,也可自行输入一个合适的地址。图 5 - 33 是指定 V 存储区首地址为 VB400 时的界面,向导会自动计算地址的范围。

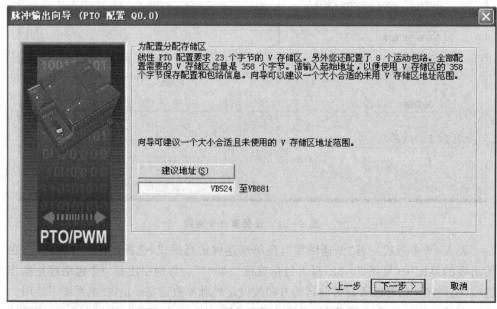

图 5 - 33　为运动包络指定 V 存储区地址

单击"下一步"按钮出现图 5 – 34,单击"完成"按钮。

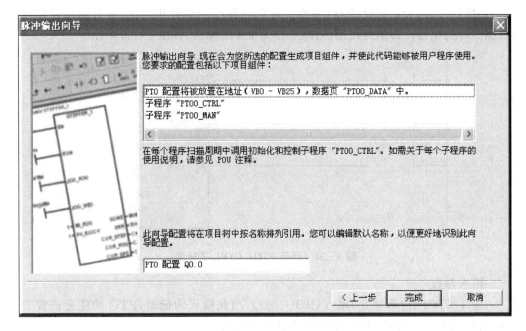

图 5 – 34　生成项目组件提示

3. 使用位控向导生成的项目组件

运动包络组态完成后,向导会为所选的配置生成 4 个项目组件(子程序),分别是 PTOx_CTRL 子程序(控制)、PTOx_RUN 子程序(运行包络)、PTOx_LDPOS 和 PTOx_MAN 子程序(手动模式)。一个由向导产生的子程序就可以在程序中调用,如图 5 – 35 所示。

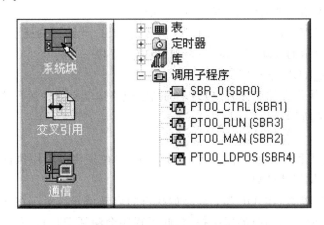

图 5 – 35　4 个项目组件

它们的功能分述如下:

(1) PTOx_CTRL 子程序

（控制）启用和初始化 PTO 输出。在用户程序中只使用一次，并且确定在每次扫描时得到执行。即始终使用 SM0.0 作为 EN 的输入，如图 5 - 36 所示。

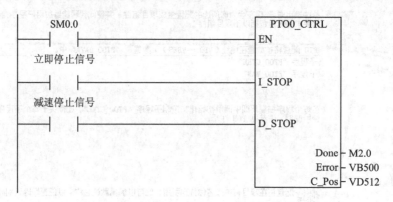

图 5 - 36　运行 PTOx_CTRL 子程序

输入参数：

① I_STOP(立即停止)输入(BOOL 型)：当此输入为低时，PTO 功能会正常工作；当此输入变为高时，PTO 立即终止脉冲的发出。

② D_STOP(减速停止)输入(BOOL 型)：当此输入为低时，PTO 功能会正常工作；当此输入变为高时，PTO 会产生将电机减速至停止的脉冲串。

输出参数：

① Done(完成)输出(BOOL 型)：当"完成"位被设置为高时，它表明上一个指令也已执行。

② Error(错误)参数(BYTE 型)：包含本子程序的结果。当"完成"位为高时，错误字节会报告无错误或有错误代码的正常完成。

③ C_Pos(DWORD 型)：如果 PTO 向导的 HSC 计数器功能已启用，则此参数包含以脉冲数表示的模块当前位置；否则，当前位置将一直为 0。

(2) PTOx_RUN 子程序（运行包络）

命令 PLC 执行存储于配置/包络表的指定包络运动操作。运行这一子程序的梯形图如图 5 - 37 所示。

输入参数：

① EN 位：子程序的使能位。在"完成"(Done)位发出子程序执行已经完成的信号前，应使 EN 位保持开启。

② START 参数(BOOL 型)：包络的执行的启动信号。对于在 START 参数已开启且 PTO 当前不活动时的每次扫描，此子程序会激活 PTO。为了确保仅发送一个命令，一般用上升沿以脉冲方式开启 START 参数。

③ Abort(终止)命令(BOOL 型)：命令为 ON 时位控模块停止当前包络，并减

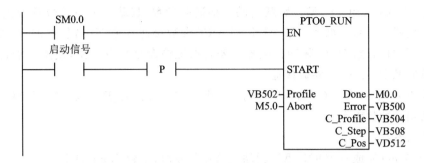

图 5-37　运行 PTOx_RUN 子程序

速至电机停止。

④ Profile(包络)(BYTE 型):输入为此运动包络指定的编号或符号名。

输出参数:

① Done(完成)(BOOL 型):本子程序执行完成时输出 ON。

② Error(错误)(BYTE 型):输出本子程序执行结果的错误信息。无错误时输出 0。

③ C_Profile(BYTE 型):输出位控模块当前执行的包络。

④ C_Step(BYTE 型):输出目前正在执行的包络步骤。

⑤ C_Pos(DINT 型):如果 PTO 向导的 HSC 计数器功能已启用,则此参数包含以脉冲数作为模块的当前位置;否则,当前位置将一直为 0。

(3) PTOx_LDPOS 指令(装载位置)

改变 PTO 脉冲计数器的当前位置值为一个新值。可用该指令为任何一个运动命令建立一个新的零位置。图 5-38 是一个使用 PTO0_LDPOS 指令实现返回原点完成后清零功能的梯形图。

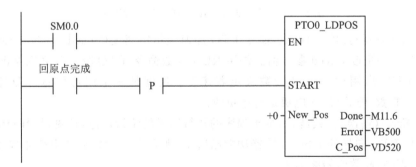

图 5-38　用 PTO0_LDPOS 指令实现返回原点完成后清零

输入参数:

① EN 位:子程序的使能位。在"完成"(Done)位发出子程序执行已经完成的信号前,应使 EN 位保持开启。

② START(BOOL 型):装载启动。接通此参数,装载一个新的位置值到 PTO 脉冲计数器。在每一循环周期,只要 START 参数接通且 PTO 当前不忙,该指令装载一个新的位置给 PTO 脉冲计数器。若要保证该命令只发一次,使用边沿检测指令以脉冲触发 START 参数接通。

③ New_Pos 参数(DINT 型):输入一个新的值替代 C_Pos 报告的当前位置值。位置值用脉冲数表示。

输出参数:

① Done(完成)(BOOL 型):模块完成该指令时,参数 Done ON。

② Error(错误)(BYTE 型):输出本子程序执行的结果的错误信息。无错误时输出 0。

③ C_Pos(DINT 型):此参数包含以脉冲数作为模块的当前位置。

(4) PTOx_MAN 子程序(手动模式)

将 PTO 输出置于手动模式。执行 PTOx_MAN 子程序可允许电机启动、停止和按不同的速度运行。但当 PTOx_MAN 子程序已启用时,除 PTOx_CTRL 外,任何其他 PTO 子程序都无法执行。

运行 PTOx_MAN 子程序的梯形图如图 5-39 所示。

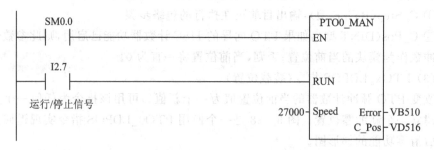

图 5-39 运行 PTOx_MAN 子程序的梯形图

① RUN(运行/停止)参数:命令 PTO 加速至指定速度(Speed 参数),因此允许在电机运行中更改 Speed 参数值。停用 RUN 参数命令,PTO 减速至电机停止。

当 RUN 启用后,Speed 参数决定着速度。速度是一个用每秒脉冲数计算的 DINT(双整数)值,可以在电机运行中更改。

② Error(错误)参数:输出本子程序的执行结果的错误信息,遇见错误时输出 0。

如果 PTO 向导的 HSC 计数器功能已启用,则 C_Pos 参数包含用脉冲数目表示的模块;否则,此数值始终为零。

从 PTOx_CTRL(控制)、PTOx_RUN(运行包络)、PTOx_LDPOS 和 PTOx_MAN(手动模式)4 个子程序的梯形图可以看出,为了调用这些子程序,编程时应预置一个数据存储区,用来存储子程序执行时间参数,存储区所存储的信息可根据程序的需要调用。

5.5 输送单元的 PLC 控制与编程

输送单元单站运行的目标是测试设备传送工件的功能。要求其他各工作单元已经就位,并且在供料单元的出料台上放置了工件。具体测试要求如下:

1) 输送单元通电后,按下复位按钮 SB1,执行复位操作,使抓取机械手装置回到原点位置。在复位过程中,"正常工作"指示灯 HL1 以 1 Hz 的频率闪烁。

当抓取机械手装置回到原点位置,且输送单元各个气缸满足初始位置的要求时,复位完成,"正常工作"指示灯 HL1 常亮。按下启动按钮 SB2,设备启动,"设备运行"指示灯 HL2 也常亮,开始功能测试过程。

2) 正常功能测试:

① 抓取机械手装置从供料站出料台抓取工件,抓取的顺序是:手臂伸出→手爪抓取并夹紧工件→提升台上升→手臂缩回。

② 抓取动作完成后,伺服电机驱动机械手装置向加工站移动,移动速度不小于 300 mm/s。

③ 机械手装置移动到加工站物料台的正前方后,即把工件放到加工站物料台上。抓取机械手装置在加工站放下工件的顺序是:手臂伸出→提升台下降→手爪松开放下工件→手臂缩回。

④ 放下工件动作完成 2 s 后,抓取机械手装置执行抓取加工站工件的操作。抓取的顺序与供料站抓取工件的顺序相同。

⑤ 抓取动作完成后,伺服电机驱动机械手装置移动到装配站物料台的正前方,然后把工件放到装配站物料台上。其动作顺序与加工站放下工件的顺序相同。

⑥ 放下工件动作完成 2 s 后,抓取机械手装置执行抓取装配站工件的操作。抓取的顺序与供料站抓取工件的顺序相同。

⑦ 机械手手臂缩回后,摆台逆时针旋转 90°,伺服电机驱动机械手装置从装配站向分拣站运送工件,到达分拣站传送带上方入料口后把工件放下。动作顺序与加工站放下工件的顺序相同。

⑧ 放下工件动作完成后,机械手手臂缩回,然后执行返回原点的操作。伺服电机驱动机械手装置以 400 mm/s 的速度返回,返回 900 mm 后,摆台顺时针旋转 90°,然后以 100 mm/s 的速度低速返回原点停止。

当抓取机械手装置返回原点后,表示一个测试周期结束。当供料单元的出料台上又放置了工件时,再按一次启动按钮 SB2,开始新一轮的测试。

3) 非正常运行的功能测试

若在工作过程中按下急停按钮 QS,则系统立即停止运行。在急停复位后,应从急停前的断点开始继续运行。但是,若急停按钮按下时,输送站机械手装置正在向某一目标点移动,则急停复位后输送站机械手装置应首先返回原点位置,然后再向原目标点运动。

在急停状态,绿色指示灯 HL2 以 1 Hz 的频率闪烁,直到急停复位后恢复正常运行时,HL2 恢复常亮状态。

知识拓展

5.6 机电一体化系统伺服驱动

5.6.1 伺服驱动系统的基本概念

"伺服"一词的英文 Servo 来自希腊词 Servus(servant),指系统跟随外部指令进行人们所期望的运动,运动要素包括位置、速度、加速度和力矩。伺服控制系统(servo control system)是所有机电一体化设备的核心,它的基本设计要求是输出量能迅速而准确地响应输入指令的变化,如机械手控制系统的目标是使机械手能够按照指定的轨迹进行运动。像这种输出量以一定准确度随时跟踪输入量(指定目标)变化的控制系统称为伺服控制系统,因此,伺服系统也称为随动系统(或自动跟踪系统)。它是以机械量(如位移、速度、加速度、力、力矩等)作为被控量的一种自动控制系统。

伺服系统是所有机电一体化系统的核心。伺服驱动系统是指以机械位置、速度和加速度为控制对象,在控制命令的指挥下,控制执行元件工作,使机械运动部件按照控制命令的要求进行运动,并具有良好的动态性能。如果把机电一体化系统比做人的话,伺服驱动系统就是人的四肢,它能够准确、快速地执行控制器发出的运动命令。

由于伺服系统的服务对象很多,如计算机光盘驱动控制、雷达跟踪系统、进给跟踪系统等,因此对伺服系统的要求也有所差别。工程上对伺服系统的技术要求很具体,可以归纳为以下几个方面:

① 对系统稳态性能的要求;

② 对伺服系统动态性能的要求;

③ 对系统工作环境条件的要求;

④ 对系统制造成本、运行的经济性、标准化程度、能源条件等方面的要求。

虽然伺服系统因服务对象的运动部件、检测部件以及机械结构等的不同而对伺服系统的要求也有差异,但所有伺服系统的共同点是带动控制对象按照指定规律做机械运动。从自动控制理论的角度来分析,伺服控制系统一般包括控制器、被控对象、执行环节、检测环节、比较环节五部分。伺服系统组成原理框图如图 5-40 所示。

1. 比较环节

比较环节是将输入的指令信号与系统的反馈信号进行比较,以获得输出与输入

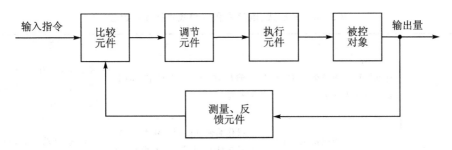

图 5 - 40　伺服系统组成原理框图

间的偏差信号的环节,通常由专门的电路或计算机来实现。

2. 控制器

控制器通常是计算机或 PID 控制电路,其主要任务是对比较元件输出的偏差信号进行变换处理,以控制执行元件按要求动作。

3. 执行环节

执行环节的作用是按控制信号的要求,将输入的各种形式的能量转换成机械能,驱动被控对象工作。

4. 被控对象

被控对象是指被控制的机构或装置,是直接完成系统目的的主体。被控对象一般包括传动系统、执行装置和负载。

5. 检测环节

检测环节是指能够对输出进行测量并转换成比较环节所需要的量纲的装置,一般包括传感器和转换电路。

在实际的伺服控制系统中,上述每个环节在硬件特征上并不成立,可能几个环节在一个硬件中,如测速直流电机,既是执行元件又是检测元件。

5.6.2　典型执行元件

执行元件是能量变换元件,目的是控制机械执行机构运动。机电一体化系统要求执行元件具有转动惯量小、输出动力大、便于控制、可靠性高和安装维护简便等特点。液压式、电气式和气动式执行元件是三种最常用的执行元件,具体特点见表 5 - 8。气动式执行元件与液压式执行元件的原理相同,只是介质由液体改为气体。气动式执行元件主要是气缸等,前面介绍比较多,这里主要介绍液压式和电气式执行元件。

表 5-8　液压式、电气式和气动式执行元件比较

种　类	特　点	优　点	缺　点
液压式	将电能转换为液体压力,从而驱动液压执行元件运动	输出功率大,速度快,动作平稳	体积大,液压源和液压油要求严格,易产生泄漏污染环境
电气式	将电能转化为电磁力,用电磁力驱动执行机构运动	操作简便,响应快,编程容易,易与计算机连接,体积小,动力大,无污染	瞬时输出功率大,过载差,噪声大
气动式	将电能转换为气体压力,从而驱动气压执行元件运动	气源方便,成本低,速度快,操作简便,不污染环境	功率小,体积大,难以小型化,动作不平稳,远距离传输困难,噪声大,难以伺服

　　在闭环或半闭环控制的伺服系统中,主要采用直流伺服电动机、交流伺服电动机或伺服阀控制的液压伺服马达作为执行元件。液压伺服马达主要用在负载较大的大型伺服系统中,在中、小型伺服系统中,则多数采用直流或交流伺服电动机。由于直流伺服电动机具有优良的静、动态特性,并且易于控制,因而在 20 世纪 90 年代以前,一直是闭环系统中执行元件的主流。近年来,由于交流伺服技术的发展,使交流伺服电动机可以获得与直流伺服电动机相近的优良性能,而且交流伺服电动机无电刷磨损问题,维修方便,随着价格的逐年降低,得到越来越广泛的应用,目前形成了与直流伺服电动机共同竞争市场的局面。在闭环伺服系统设计时,应根据设计者对技术的掌握程度及市场供应、价格等情况,适当选取合适的执行元件。

1. 液压执行元件

　　液压执行元件是将液压泵提供的液压能转变为机械能的能量转换装置,它包括液压缸和液压马达。习惯上,液压马达是指输出旋转运动的液压执行元件,而把输出直线运动(其中包括输出摆动运动)的液压执行元件称为液压缸。

　　(1) 液压马达

　　液压马达按其结构类型,可以分为齿轮式、叶片式、柱塞式和其他形式。按液压马达的额定转速,可分为高速和低速两大类。额定转速高于 500 r/min 的属于高速液压马达,额定转速低于 500 r/min 的属于低速液压马达。高速液压马达的基本形式有齿轮式、螺杆式、叶片式和轴向柱塞式等。它们的主要特点是转速较高,转动惯量小,便于启动和制动,调节(调速及换向)灵敏度高。通常高速液压马达输出转矩不大(仅几十 N·m 到几百 N·m),所以又称为高速小转矩液压马达。低速液压马达的基本形式是径向柱塞式,此外,在轴向柱塞式、叶片式和齿轮式中也有低速的结构形式,低速液压马达的主要特点是排量大,体积大,转速低(有时可达每分钟几转甚至零点几转),因此可直接与工作机构连接,不需要减速装置,使传动机构大为简化。通

常低速液压马达输出转矩较大(可达几千 N·m 到几万 N·m),所以又称为低速大转矩液压马达。

1) 液压马达的工作原理

① 叶片式液压马达

由于压力油作用,受力不平衡使转子产生转矩。叶片式液压马达的输出转矩与液压马达的排量和液压马达进出油口之间的压力差有关,其转速由输入液压马达的流量大小来决定。图 5-41 所示为叶片式液压马达工作原理图。

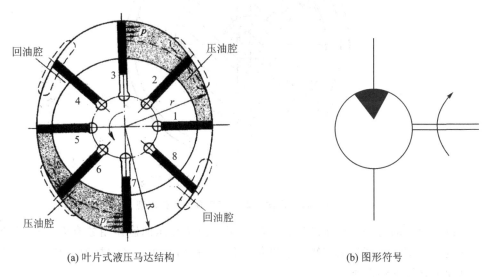

(a) 叶片式液压马达结构　　　　　　　(b) 图形符号

图 5-41　叶片式液压马达工作原理

液压马达一般都要求能正反转,所以叶片式液压马达的叶片要径向放置。为了使叶片根部始终通有压力油,在回、压油腔通入叶片根部的通路上应设置单向阀;为了确保叶片式液压马达在压力油通入后能正常启动,必须使叶片顶部和定子内表面紧密接触,以保证良好的密封,因此在叶片根部应设置预紧弹簧。

叶片式液压马达体积小,转动惯量小,动作灵敏,可适用于换向频率较高的场合,但泄漏量较大,低速工作时不稳定。因此叶片式液压马达一般用于转速高、转矩小和动作要求灵敏的场合。

② 径向柱塞式液压马达

图 5-42 为径向柱塞式液压马达工作原理图。当压力油经固定的配油轴 4 的窗口进入缸体 3 内柱塞 1 的底部时,柱塞向外伸出,紧紧顶住定子 2 的内壁。由于定子与缸体存在一偏心距 e,所以在柱塞与定子接触处,定子对柱塞的反作用力为 F_N。F_N 可分解为 F_F 和 F_T 两个分力。当作用在柱塞底部的油液压力为 p,柱塞直径为 d,力 F_F 和 F_N 之间的夹角为 φ 时,它们分别为

$$F_F = p\,\frac{\pi}{4}d^2, \quad F_T = F_F \tan\varphi$$

力 F_T 对缸体产生一转矩,使缸体旋转。缸体再通过端面连接的传动轴向外输出转矩和转速。

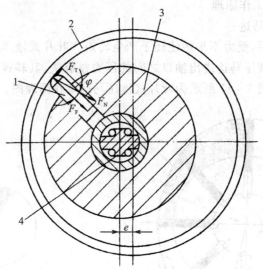

1—柱塞；2—马达；3—缸体；4—配油轴

图 5 - 42　径向柱塞式液压马达工作原理

以上分析的是一个柱塞产生转矩的情况。由于在压油区作用的有多个柱塞,所以在这些柱塞上所产生的转矩都使缸体旋转,并输出转矩。径向柱塞液压马达多用于低速大转矩的情况下。

③ 轴向柱塞马达

图 5 - 43 所示为轴向柱塞马达工作原理图。

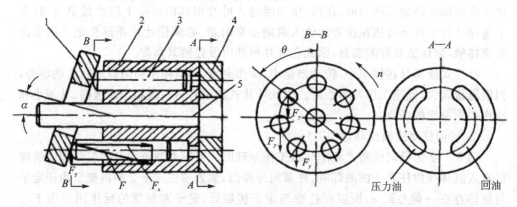

1—斜盘；2—缸体；3—柱塞；4—配油盘；5—马达轴

图 5 - 43　轴向柱塞马达工作原理

轴向柱塞泵除阀式配流外,其他形式原则上都可以作为液压马达用,即轴向柱塞泵和轴向柱塞马达是可逆的。如图 5-43 所示,配油盘 4 和斜盘 1 固定不动,马达轴 5 与缸体 2 相连接一起旋转。当压力油经配油盘 4 的窗口进入缸体 2 的柱塞孔时,柱塞 3 在压力油作用下外伸,紧贴斜盘 1 对柱塞 3 产生一个法向反力 p。此力可分解为轴向分力和垂直分力。凡与柱塞上液压力相平衡,则使柱塞对缸体中心产生一个转矩,带动马达轴逆时针方向旋转。轴向柱塞马达产生的瞬时总转矩是脉动的。若改变马达压力油输入方向,则马达轴 5 按顺时针方向旋转。斜盘倾角 α 的改变(即排量的变化),不仅影响马达的转矩,而且影响它的转速和转向。斜盘倾角越大,产生的转矩越大,转速越低。

④ 齿轮液压马达

图 5-44 所示为齿轮液压马达工作原理。

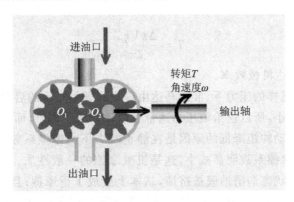

图 5-44 齿轮液压马达工作原理图

齿轮液压马达在结构上具有以下特点:为了适应正反转要求,进出油口相等,具有对称性,有单独外泄油口将轴承部分的泄漏油引出壳体外;为了减小启动摩擦力矩,采用滚动轴承;为了减小转矩,液压马达的齿数比泵的齿数要多。

齿轮液压马达由于密封性差,容积效率较低,输入油压力不能过高,不能产生较大转矩。

并且瞬间转速和转矩随着啮合点的位置变化而变化,因此齿轮液压马达仅适于高速小转矩的场合。一般用于工程机械、农业机械以及对转矩均匀性要求不高的机械设备上。

2) 液压马达的基本参数和基本性能

① 液压马达的排量及其与转矩的关系

液压马达在工作中输出的转矩大小是由负载转矩所决定的。但是,推动同样大小的负载,工作容腔大的马达的压力要低于工作容腔小的马达的压力。所以,工作容腔的大小是液压马达工作能力的重要标志。

液压马达工作容腔大小的表示方法和液压泵相同,也用排量 V 表示。液压马达的排量是个重要的参数。根据排量的大小,可以计算在给定压力下液压马达所能输出的转矩的大小,也可以计算在给定的负载转矩下马达的工作压力的大小。设液压马达进、出油口之间的压力差为 Δp,输入液压马达的流量为 q,液压马达输出的理论转矩为 T_t,角速度为 ω,如果不计损失,液压泵输出的液压功率应当全部转化为液压马达输出的机械功率,即

$$\Delta pq = T_t \omega$$

又因为 $\omega = 2\pi m$,$q = Vn$,所以液压马达的理论转矩为

$$T_t = \frac{\Delta p V}{2\pi}$$

② 液压马达的机械效率和启动机械效率

由于液压马达内部不可避免地存在各种摩擦,实际输出的转矩总要比理论转矩小些,即

$$T = \frac{\Delta p V \eta_m}{2\pi}$$

式中,η_m 为液压马达机械效率。

除此以外,在同样的压力下,液压马达由静止到开始转动的启动状态的输出转矩要比运转中的转矩小,所以这给液压马达带载启动造成了困难,而启动性能对液压马达是很重要的。启动转矩降低的原因是在静止状态下的摩擦系数最大,在摩擦表面出现相对滑动后,摩擦系数明显减小,这是机械摩擦的一般性质。对液压马达来说,更为主要的是静止状态润滑油膜被挤掉,基本上变成了干摩擦;且马达开始运动,随着润滑油膜的建立,摩擦阻力立即下降,并随滑动速度增大和油膜变厚而减少。

液压马达启动性能的指标用启动机械效率 η_{m0} 表示,其表达式为

$$\eta_{m0} = \frac{T_0}{T_t}$$

式中,T_0 为液压马达的启动转矩。

不同类型的液压马达,内部受力部件的力平衡情况不同,摩擦力的大小不同,所以 η_{m0} 也不尽相同。同一类型的液压马达,摩擦副的力平衡设计不同,其 η_{m0} 也有高低之分。例如有的齿轮式液压马达,η_{m0} 只有 0.6 左右,而高性能的低速大转矩液压马达却可达到 0.90 左右,相差颇大。所以,如果液压马达带载启动,必须注意到所选择的液压马达的启动性能。

③ 液压马达的转速和低速稳定性

液压马达的转速取决于供液的流量 q 和液压马达本身的排量 V。由于液压马达内部有泄漏,所以并不是所有进入马达的液体都推动液压马达做功。一小部分液体因泄漏损失掉了,所以马达的实际转速要比理想情况低一些。

$$n = \frac{q}{V} \eta_v$$

式中,η_v 为液压马达的容积效率。

在工程实际中,液压马达的转速和液压泵的转速一样,其计量单位多用 r/min(转/分)表示。

当液压马达工作转速过低时,往往保持不了均匀的速度,进入时动时停的不稳定状态,这就是所谓的爬行现象。产生爬行现象的原因是低速时摩擦阻力大。

一般地说,低速大转矩液压马达的低速稳定性要比高速马达好。低速大转矩马达的排量大,因而尺寸大,即便是在低转速下工作,摩擦副的滑动速度也不致过低,加之马达排量大,泄漏的影响相对变小,马达本身的转动惯量大,所以容易得到较好的低速稳定性。

④ 调速范围

当负载从低速到高速且在很宽的范围内工作时,也要求液压马达能在较大的调速范围内工作;否则就需要有能换挡的变速机构,使传动机构复杂化。液压马达的调速范围 i 用允许的最大转速 n_{max} 和最低稳定转速 n_{min} 之比表示,即

$$i = \frac{n_{max}}{n_{min}}$$

显然,调速范围宽的液压马达应当既有好的高速性能,又有好的低速稳定性。

(2) 液压缸

液压缸是将液压泵输出的压力能转换为机械能的执行元件。它主要是用来输出直线运动(也包括摆动运动)。

液压缸按其结构形式,可以分为活塞缸、柱塞缸和摆动缸三类。活塞缸和柱塞缸实现往复运动,输出推力和速度,摆动缸则能实现小于 360°的往复摆动,输出转矩和角速度。液压缸除单个使用外,还可以几个和其他机构组合起来,以完成特殊的功用。

① 活塞式液压缸

活塞式液压缸分为双杆式和单杆式两种。

双杆式活塞缸的活塞两端都有一根直径相等的活塞杆伸出。根据安装方式不同,双杆式活塞缸又可以分为缸筒固定式和活塞杆固定式两种。图 5-45 所示为缸筒固定式双杆活塞缸。

它的进、出油口布置在缸筒两端,活塞通过活塞杆带动工作台移动。当活塞的有效行程为 l 时,整个工作台的运动范围为 $3l$,所以机床占地面积大,一般适用于小型机床。当工作台行程要求较长时,可采用图 5-45(b)所示的活塞杆固定的形式,这时,缸体与工作台相连,活塞杆通过支架固定的机床上,动力由缸体传出。这种安装形式,工作台的移动范围只等于液压缸有效行程 l 的两倍($2l$),因此占地面积小。进出油口可以设置在固定不动的空心的活塞杆的两端,使油液从活塞杆中进出,也可设置在缸体的两端,但必须使用软管连接。

由于双杆活塞缸两端的活塞杆直径通常是相等的,因此它左、右两腔的有效面积也相等。当分别向左腔、右腔输入相同压力和流量的油液时,液压缸左、右两个方向

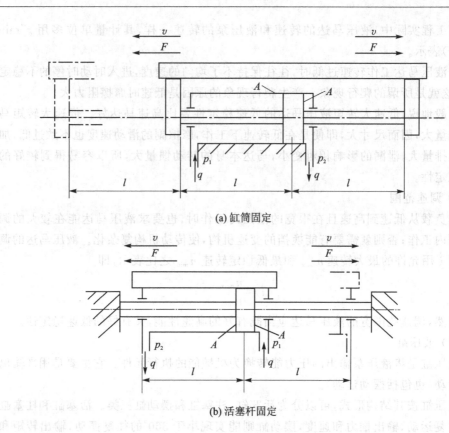

(a) 缸筒固定

(b) 活塞杆固定

图 5－45　缸筒固定式双杆活塞缸

的推力和速度相等；当活塞的直径为 D，活塞杆的直径为 d，液压缸进、出油腔的压力为 p_1 和 p_2，输入流量为 q 时，双杆活塞缸的推力 F 和速度 v 为

$$F = A(p_1 - p_2) = \frac{\pi}{4}(D^2 - d^2)(p_1 - p_2)$$

$$v = \frac{q}{A} = \frac{4q}{\pi(D^2 - d^2)}$$

式中，A 为活塞的有效工作面积。

　　双杆活塞缸在工作时，设计成一个活塞杆是受拉的，而另一个活塞杆不受力，因此这种液压缸的活塞杆可以做得细些。

　　单杆式活塞缸如图 5－46 所示，活塞只有一端带活塞杆。单杆活塞缸也有缸体固定和活塞杆固定两种形式，但它们的工作台移动范围都是活塞有效行程的两倍。

　　单杆活塞缸由于活塞两端有效面积不等。如果以相同流量的压力油分别进入液压缸的左腔、右腔，那么活塞移动的速度与进油腔的有效面积成反比（即油液进入无杆腔时有效面积大、速度慢，进入有杆腔时有效面积小、速度快），而活塞上产生的推力则与进油腔的有效面积成正比。如图 5－46(a) 所示，当输入液压缸的油液流量为

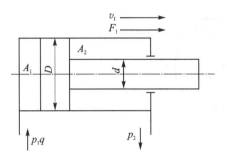

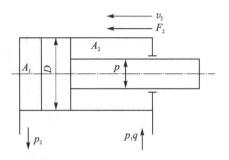

(a) 无杆腔进油，有杆腔回油　　　　　　　　(b) 有杆腔进油，无杆腔回油

图 5-46　单杆式活塞缸

q，液压缸进、出油口的压力分别为 p_1 和 p_2 时，其活塞上所产生的推力 F_1 和速度 v_1 为

$$F_1 = A_1 p_1 - A_2 p_2 = \frac{\pi}{4} \left[(p_1 - p_2) D^2 + p_2 d^2 \right]$$

$$v_1 = \frac{q}{A_1} = \frac{4q}{\pi D^2}$$

当油液从如图 5-46(b) 所示的右腔（有杆腔）输入时，其活塞上所产生的推力 F_2 和速度 v_2 为

$$F_2 = A_2 p_1 - A_1 p_2 = \frac{\pi}{4} \left[(p_1 - p_2) D^2 - p_1 d^2 \right]$$

$$v_2 = \frac{q}{A_2} = \frac{4q}{\pi (D^2 - d^2)}$$

由上式可知，由于 $A_1 > A_2$，所以 $F_1 > F_2$。若把两个方向上的输出速度 v_1 和 v_2 的比值称为速度比，记作 λ_v，则

$$\lambda_v = \frac{v_2}{v_1} = \frac{1}{1 - (d/D)^2}$$

因此，活塞杆直径越小，λ_v 越接近于 1，活塞两个方向的速度差值也就越小。如果活塞杆较粗，活塞两个方向运动的速度差值就较大。在已知 D 和 λ_v 的情况下，可以较方便地确定 d。

如果向单杆活塞缸的左、右两腔同时通压力油（如图 5-47 所示），即所谓的差动连接，则作差动连接的单杆液压缸称为差动液压缸。开始工作时，差动缸左右两腔的油液压力相同，但是由于左腔（无杆腔）的有效面积大于右腔（有杆腔）的有效面积，故活塞向右运动；同时，使右腔中排出的油液也进入左腔，加大了流入左腔的流量，从而也加快了活塞移动的速度。实际上，活塞在运动时，由于差动缸两腔间的管路中有压力损失，所以右腔中油液的压力稍大于左腔油液压力。这个差值一般都较小，可以忽略不计。

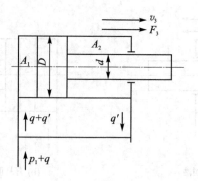

图 5 - 47　差动缸

差动缸活塞推力和运动速度为

$$F_3 = p_1(A_1 - A_2) = p_1 \frac{\pi}{4}d^2$$

$$v_3 = \frac{4q}{\pi d^2}$$

由上式可知,差动连接时液压缸的推力比非差动连接时小,速度比非差动连接时大,正好利用这一点,可使在不加大油源流量的情况下得到较快的运动速度。这种连接方式被广泛应用于组合机床的液压动力滑台和其他机械设备的快速运动中。

如果要求快速运动和快速退回速度相等($v_2 = v_3$),则由上式可得 $D = \sqrt{2}\,d$。

② 柱塞缸

柱塞缸是一种单作用液压缸,其工作原理如图 5 - 48(a)所示,柱塞与工作部件连接,缸筒固定在机体上。当压力油进入缸筒时,推动柱塞带动运动部件向右运动,但反向退回时必须靠其他外力或自重驱动。柱塞缸通常成对反向布置使用,如图 5 - 48(b)所示。

当柱塞的直径为 d,输入液压油的流量为 q,压力为 p 时,其柱塞上所产生的推力 F 和速度 v 为

$$F = pA = p\frac{\pi}{4}d^2$$

$$v = \frac{q}{A} = \frac{4q}{\pi d^2}$$

柱塞式液压缸的主要特点:柱塞与缸筒无配合要求,缸筒内孔不需精加工,甚至可以不加工;运动时由缸盖上的导向套来导向,所以它特别适用在行程较长的场合。

③ 摆动缸

摆动式液压缸也称摆动液压马达。当它通入压力油时,它的主轴能输出小于360°的摆动运动;常用于夹紧装置、送料装置、转位装置以及需要周期性进给的系统中。图 5 - 49(a)所示为单叶片式摆动缸,它的摆动角度较大,可达 300°。

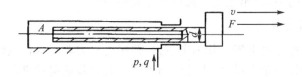

(a) 柱塞缸工作原理

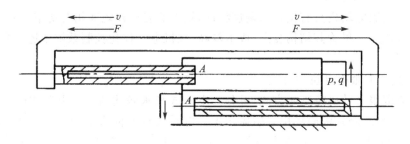

(b) 柱塞缸成对反向布置

图 5-48 柱塞缸

当摆动缸进、出油口压力为 p_1 和 p_2，输入流量为 q 时，它的输出转矩 T 和角速度 ω 为

$$T = b \int_{R_1}^{R_2} (p_1 - p_2) r \, dr = \frac{b}{2} (R_2^2 - R_1^2)(p_1 - p_2)$$

$$\omega = 2\pi n = \frac{2q}{b(R_2^2 - R_1^2)}$$

式中，b 为叶片的宽度；R_1、R_2 为叶片底部、顶部的回转半径。

图 5-49(b) 示为双叶片式摆动缸。它的摆动角度较小，可达 $150°$。它的输出转

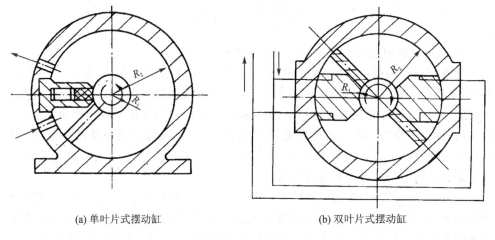

(a) 单叶片式摆动缸   (b) 双叶片式摆动缸

图 5-49 摆动缸

矩是单叶片式的两倍,而角速度则是单叶片式的一半。

2. 电气执行元件

电气执行元件是将电能转化为电磁力,并用电磁力驱动执行机构运动,如交流电动机、直流电动机、力矩电动机、步进电动机等。其中步进电动机前面已经介绍,这里主要介绍直流伺服电动机和交流电动机。

(1)直流伺服电动机

直流伺服电动机具有良好的调速特性,较大的启动转矩和相对功率,易于控制及响应快等优点。尽管其结构复杂,成本较高,在机电一体化控制系统中还是具有较广泛的应用。

1)直流伺服电动机的分类

直流伺服电动机按励磁方式,可分为电磁式和永磁式两种。电磁式的磁场由励磁绕组产生;永磁式的磁场由永磁体产生。电磁式直流伺服电动机是一种普遍使用的伺服电动机,特别是大功率电机(100 W 以上)。永磁式伺服电动机具有体积小、转矩大、力矩和电流成正比、伺服性能好、响应快功率体积比大、功率重量比大、稳定性好等优点。由于功率的限制,目前主要应用在办公自动化、家用电气、仪器仪表等领域。

直流伺服电动机按电枢的结构与形状,又可分为平滑电枢型、空心电枢型和有槽电枢型等。平滑电枢型的电枢无槽,其绕组用环氧树脂粘固在电枢铁芯上,因而转子形状细长,转动惯量小。空心电枢型的电枢无铁芯,且常做成杯形,其转子转动惯量最小。有槽电枢型的电枢与普通直流电动机的电枢相同,因而转子转动惯量较大。

直流伺服电动机还可按转子转动惯量的大小而分成大惯量、中惯量和小惯量直流伺服电动机。大惯量直流伺服电动机(又称直流力矩伺服电动机)负载能力强,易于与机械系统匹配,而小惯量直流伺服电动机的加减速能力强,响应速度快,动态特性好。

2)直流伺服电动机的基本结构及工作原理

直流伺服电动机主要由磁极、电枢、电刷及换向片结构组成,如图 5-50 所示。其中,磁极在工作中固定不动,故又称定子。定子磁极用于产生磁场。在永磁式直流伺服电动机中,磁极采用永磁材料制成,充磁后即可产生恒定磁场。在他励式直流伺服电动机中,磁极由冲压硅钢片叠成,外绕线圈,靠外加励磁电流才能产生磁场。电枢是直流伺服电动机中的转动部分,故又称转子,它由硅钢片叠成,表面嵌有线圈,通过电刷和换向片与外加电枢电源相连。

直流伺服电动机是在定子磁场的作用下,使通有直流电的电枢(转子)受到电磁转矩的驱使,带动负载旋转。通过控制电枢绕组中电流的方向和大小,就可以控制直流伺服电动机的旋转方向和速度。当电枢绕组中电流为零时,伺服电动机静止不动。图 5-51 为电枢等效电路。

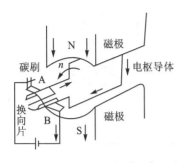

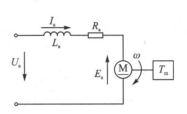

图 5 - 50　直流伺服电动机基本结构　　　图 5 - 51　电枢等效电路

直流伺服电动机的控制方式主要有两种：一种是电枢电压控制，即在定子磁场不变的情况下，通过控制施加在电枢绕组两端的电压信号来控制电动机的转速和输出转矩；另一种是励磁磁场控制，即通过改变励磁电流的大小来改变定子磁场强度，从而控制电动机的转速和输出转矩。

采用电枢电压控制方式时，由于定子磁场保持不变，其电枢电流可以达到额定值，相应的输出转矩也可以达到额定值，因而这种方式又被称为恒转矩调速方式。而采用励磁磁场控制方式时，由于电动机在额定运行条件下磁场已接近饱和，所以只能通过减弱磁场的方法来改变电动机的转速。由于电枢电流不允许超过额定值，因而随着磁场的减弱，电动机转速增加，但输出转矩下降，输出功率保持不变，所以这种方式又被称为恒功率调速方式。

3）直流伺服系统

由于伺服控制系统的速度和位移都有较高的精度要求，因此直流伺服电机通常以闭环或半闭环控制方式应用于伺服系统中。

直流伺服系统的闭环控制是针对伺服系统的最后输出结果进行检测和修正的伺服控制方法，而半闭环控制是针对伺服系统的中间环节（如电机的输出速度或角位移等）进行监控和调节的控制方法。它们都是对系统输出进行实时检测和反馈，并根据偏差对系统实施控制。两者的区别仅在于传感器检测信号位置的不同，因而导致设计、制造的难易程度不同及工作性能的不同，但两者的设计与分析方法基本上是一致的。闭环伺服系统的结构原理如图 5 - 52 所示，半闭环伺服系统的结构原理如图 5 - 53 所示。

设计闭环伺服系统必须首先保证系统的稳定性，然后在此基础上采取各种措施，满足精度及快速响应性等方面的要求。当系统精度要求很高时，应采用闭环控制方案。它将全部机械传动及执行机构都封闭在反馈控制环内，其误差都可以通过控制系统得到补偿，因而可达到很高的精度。但是闭环伺服系统结构复杂，设计难度大，成本高，尤其是机械系统的动态性能难以提高，系统稳定性难以保证。除非精度要求很高时，一般应采用半闭环控制方案。

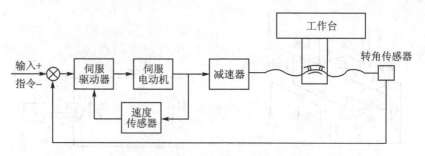

图 5 - 52　闭环伺服系统结构原理图

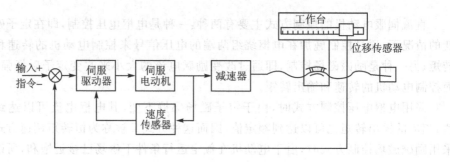

图 5 - 53　半闭环伺服系统结构原理图

　　影响伺服精度的主要因素是检测环节,常用的检测传感器有旋转变压器、感应同步器、码盘、光电脉冲编码器、光栅尺、磁尺及测速发电机等。若被测量为直线位移,则应选尺状的直线位移传感器,如光栅尺、磁尺、直线感应同步器等。若被测量为角位移,则应选圆形的角位移传感器,如光电脉冲编码器、圆感应同步器、旋转变压器、码盘等。一般来讲,半闭环控制的伺服系统主要采用角位移传感器,闭环控制的伺服系统主要采用直线位移传感器。在位置伺服系统中,为了获得良好的性能,往往还要对执行元件的速度进行反馈控制,因而还要选用速度传感器。速度控制也常采用光电脉冲编码器,既测量电动机的角位移,又可以通过计时而获得速度。

　　在闭环控制的伺服系统中,机械传动与执行机构在结构形式上与开环控制的伺服系统基本一样,即由执行元件通过减速器和滚动丝杠螺母机构,驱动工作台运动。

　　直流伺服电动机的控制及驱动方法通常采用晶体管脉宽调制(PWM)控制和晶闸管(可控硅)放大器驱动控制。

　　(2)交流伺服电动机

　　20世纪后期,随着电力电子技术的发展,交流电动机应用于伺服控制越来越普遍。与直流伺服电动机比较,交流伺服电动机不需要电刷和换向器,因而维护方便和对环境无要求;此外,交流电动机还具有转动惯量、体积和重量较小,结构简单,价格便宜等优点;尤其是交流电动机调速技术的快速发展,使它得到了更广泛的应用。交流电动机的缺点是转矩特性和调节特性的线性度不及直流伺服电动机好;其效率也比直流伺服电动机低。因此,在伺服系统设计时,除某些操作特别频繁或交流伺服电动机在发热,起、制动特性不能满足要求时,选择直流伺服电动机外,一般尽量考虑选择交流伺服电动机。

用于伺服控制的交流电动机主要有同步型交流电动机和异步型交流电动机。采用同步型交流电动机的伺服系统,多用于机床进给传动控制、工业机带入关节传动及其他需要运动和位置控制的场合。异步型交流电动机的伺服系统,多用于机床主轴转速和其他调速系统。

1) 异步型交流电动机

三相异步电动机定子中的三个绕组在空间方位上也互差$120°$,三相交流电源的相与相之间的电压在相位上也相差$120°$,当在定子绕组中通入三相电源时,定子绕组就会产生一个旋转磁场。旋转磁场的转速为

$$n_1 = 60\frac{f_1}{P}$$

式中,f_1为定子供电频率;P为定子线圈的磁极对数;n_1为定子旋转磁场的同步转速。

定子绕组产生旋转磁场后,转子导条(鼠笼条)将切割旋转磁场的磁力线而产生感应电流,转子导条中的电流又与旋转磁场相互作用产生电磁力,电磁力产生的电磁转矩驱动转子沿旋转磁场方向旋转。一般情况下,电动机的实际转速n低于旋转磁场的转速n_1。如果假设$n = n_1$,则转子导条与旋转磁场就没有相对运动,就不会切割磁力线,也就不会产生电磁转矩,所以转子的转速n_1必然小于n。为此我们称三相电动机为异步电动机。

旋转磁场的旋转方向与绕组中电流的相序有关。假设三相绕组 A、B、C 中的电流相序按顺时针流动,则磁场按顺时针方向旋转;若把三根电源线中的任意两根对调,则磁场按逆时针方向旋转。利用这一特性,我们可以很方便地改变三相电动机的旋转方向。

综上所述,异步电动机的转速为

$$n = \frac{60f_1}{P}(1-s) = n_1(1-s)$$

式中,s为转差率。

根据此式我们知道,交流电动机的转速与磁极对数、供电频率有关。我们把改变异步电动机的供电频率f_1实现调速的方法称为变频调速;而改变磁极对数P进行调速的方法叫变极调速。变频调速一般是无级调速,变极调速是有级调速。当然,改变转差率s也可以实现无级调速,但该办法会降低交流电动机的机械特性,一般不使用。

2) 同步型交流电动机

同步型交流电动机的转子旋转速度与定子绕组所产生的旋转磁场的速度是一样

的,所以又称为同步电动机。同步电动机的定子绕组与异步电动机相同,它的转子做成显极式的,安装在磁极铁芯上面的磁场线圈是相互串联的,接成具有交替相反的极性,并有两根引线连接到装在轴上的两只滑环上面。磁场线圈是由一只小型直流发电机或蓄电池来激励,在大多数同步电动机中,直流发电机是装在电动机轴上的,用以供应转子磁极线圈的励磁电流。

由于这种同步电动机不能自动启动,所以在转子上还装有鼠笼式绕组作为电动机启动之用。鼠笼绕组放在转子的周围,结构与异步电动机相似。

当在定子绕组通上三相交流电源时,电动机内就产生了一个旋转磁场,鼠笼绕组切割磁力线而产生感应电流,从而使电动机旋转起来。电动机旋转之后,其速度慢慢增高到稍低于旋转磁场的转速,此时转子磁场线圈经由直流电来激励,使转子上面形成一定的磁极。这些磁极力图跟踪定子上的旋转磁极,这样就增加电动机转子的速率,直至与旋转磁场同步旋转为止。

同步电动机运行时的转速与电源的供电频率有严格不变的关系,它恒等于旋转磁场的转速(即电动机与旋转磁场两者的转速保持同步),并由此而得名。同步交流电动机的转速用下式表达:

$$n = 60\frac{f_1}{P}$$

式中,f_1 为定子供电频率;P 为定子线圈的磁极对数。

模块二

工业机器人的典型应用

　　工业机器人作为最典型的机电一体化产品，几乎具有机电一体化系统的所有特点，它是一种可编程的智能型自动化设备，是应用计算机进行控制的替代人进行工作的高度自动化系统。项目六和项目七以搬运机器人工作站和码垛机器人工作站两种机器人典型应用为案例，系统介绍了机器人的组成与结构，机器人的应用与发展，机器人常用的传感器以及机器人常用的驱动方法。通过这两个实例的学习，会对机器人技术有初步的了解和认识，为以后开展工程实践项目奠定基础。

项目六　搬运机器人工作站的认识

项目描述

搬运机器人是可以进行自动化搬运作业的工业机器人。搬运作业是指用一种设备握持工件,从一个加工位置移到另一个加工位置的过程。如果采用工业机器人来完成这个任务,则整个搬运系统则构成了工业机器人搬运工作站。给搬运机器人安装不同类型的末端执行器,可以完成不同形态和状态的工件搬运工作。目前,世界上使用的搬运机器人逾 10 万台,被广泛应用于机床上下料、冲压机自动化生产线、自动装配流水线、码垛搬运集装箱等的自动搬运。

本项目以工业机器人搬运平面板材为例,介绍了搬运机器人工作站的组成。通过本单元的学习,可了解机器人技术,熟悉机器人结构及其运动情况。

项目要求

1. 了解搬运机器人工作站的组成;
2. 了解工业机器人搬运工作站的工作过程;
3. 熟悉机器人的组成与结构;
4. 了解机器人的应用与发展前景。

项目实施

6.1　搬运机器人工作站的组成

工业机器人搬运工作站由工业机器人系统、PLC 控制柜、机器人装底座、输送线系统、平面仓库、操作按钮盒等组成。其整体布置如图 6-1 所示。

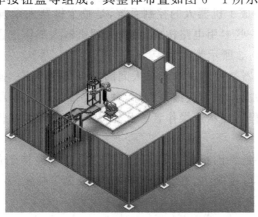

图 6-1　搬运机器人工作站整体布置

6.1.1 搬运机器人及控制柜

安川 MH6 机器人是通用型工业机器人，既可以用于弧焊又可以用于搬运。搬运工作站选用安川 MH6 机器人，完成工件的搬运工作。

MH6 机器人系统包括 MH6 机器人本体、DX100 控制柜以及示教编程器。DX100 控制柜通过供电电缆和编码器电缆与机器人连接。图 6-2 所示为搬运机器人本体。

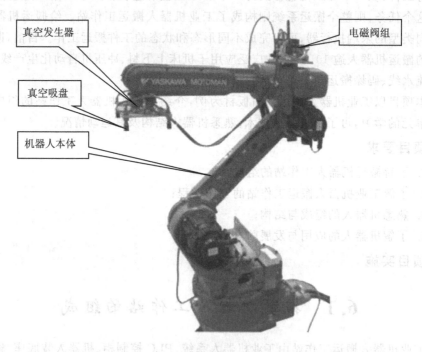

真空发生器

电磁阀组

真空吸盘

机器人本体

图 6-2　搬运机器人本体

DX100 控制柜集成了机器人的控制系统，是整个机器人系统的神经中枢。它由计算机硬件、软件和一些专用电路构成，负责处理机器人工作过程中的全部信息和控制其全部动作。图 6-3 所示为控制柜。

机器人示教编程器是操作者与机器人间的主要交流界面。操作者通过示教编程器对机器人进行各种操作、示教、编制程序，并可直接移动机器人。机器人的各种信息、状态通过示教编程器显示给操作者。此外，还可通过示教编程器对机器人进行各种设置。

由于搬运的工件是平面板材，所以采用真空吸盘来夹持工件。故在安川 MH6 机器人本体上安装了电磁阀组、真空发生器、真空吸盘等装置。

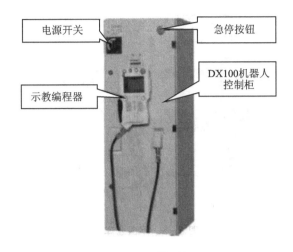

图 6-3 控制柜

6.1.2 输送线系统

输送线系统的主要功能是把上料位置处的工件传送到输送线的末端落料台上,以便于机器人搬运,如图 6-4 所示。

上料位置处装有光电传感器,用于检测是否有工件,若有工件,将启动输送线输送工件。输送线的末端落料台也装有光电传感器,用于检测落料台上是否有工件,若有工件,将启动机器人来搬运。

输送线由三相交流电动机拖动,变频器调速控制。

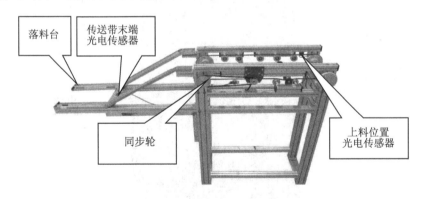

图 6-4 输送线系统

6.1.3 平面仓库

平面仓库用于存储工件。如图 6-5 所示,平面仓库有一个反射式光纤传感器,用于检测仓库是否已满,若仓库已满,将不允许机器人向仓库中搬运工件。

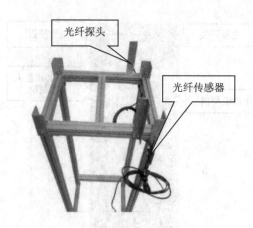

图 6-5　平面仓库

6.1.4　PLC 控制柜

PLC 控制柜(见图 6-6)用来安装断路器、PLC、变频器、中间继电器、变压器等元器件,其中 PLC 是机器人搬运工作站的控制核心。搬运机器人的启动与停止、输送线的运行等,均由 PLC 实现。

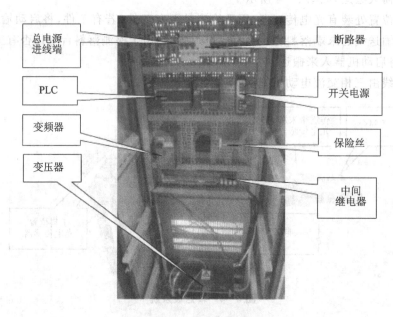

图 6-6　PLC 控制柜

6.2 相关知识

6.2.1 机器人的定义与分类

1. 机器人的定义

尽管机器人问世已有几十年,机器人技术的发展也日趋深入、完善并得到越来越广泛的应用,然而"机器人"尚没有一个统一的、严格而准确的定义。随着社会经济的飞速发展,现代科学技术的日新月异,机器人的内涵仍在不断发展变化,涵盖的内容也越来越丰富。科幻作家阿西莫夫于1940年提出了机器人不应伤害人类、应听从人类命令、应能保护自己的"机器人三原则",成为给机器人赋予伦理性纲领和机器人开发的准则。在1967年日本人工手研究会(现为仿生机构研究会)召开的首届机器人学术会上,森政弘与合田周平将机器人定义为"一种自动性、智能性、个体性、半机械半人性、作业性、通用性、信息性、柔性、有限性、移动性10个特性的柔性机器"。加藤一郎则将具有脑、手、脚等要素,具有非接触传感器(眼、耳等感官)、接触传感器及平衡觉和固有觉传感器的机器称为机器人。1984年12月,在巴黎召开的"工业机器人学会"对机器人进行了定义:"机器人是一种可编程的、能执行某些操作或移动动作的自动控制机械。"国际标准化组织(ISO)的定义:"机器人是一种自动的、位置可控的、具有编程能力的多功能操作手,它具有几个轴(关节),能够通过程序操作来处理各种材料、零件、工具和专用装置,以便执行各种任务。"我国学者将机器人定义为"一种自动化的机器,所不同的是这种机器具备一些与人或生物相似的智能能力,如感知能力、规划能力、动作能力和协同能力,是一种具有高度灵活性的自动化机器"。

2. 机器人的分类

图6-7所示为工业机器人的分类。

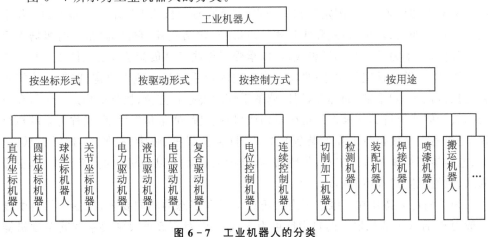

图6-7 工业机器人的分类

6.2.2　机器人的组成与结构

机器人是典型的机电一体化产品,一般主要由操作机或/和移动机构、控制系统、驱动系统及检测装置构成。图6-8是工业机器人的典型结构。

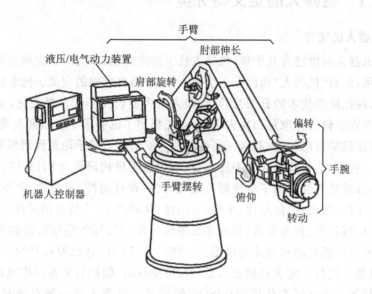

图6-8　工业机器人的典型结构

1. 操作机

操作机是机器人的机械本体,是机器人赖以完成作业任务的执行机构。它大多是利用转动或/和移动关节将机座、机身、大臂、小臂、腕部和执行机构等部件连接而成多自由度开式空间运动机构,其终端手部为可夹持物料或安装工具、能在工作空间内执行多种作业的抓持器。机座是机器人的基础部件,用以承受相应的载荷,确定或改变机器人的位置,分为固定式和移动式(安装在移动机构上以增大机器人的工作空间,有两足、四足、六足、轮式和履带式等);机身(包括立柱、臂部等)是支持机器人手臂的部件,由动力关节和连杆组成,用以承受工件或工具负荷及改变工件或工具的空间位置,将其送至预定的位置;机器人作业空间由手臂运动范围决定;腕部是连接手臂与执行机构(如手部)的部件,用以调整手部的姿态和方位;执行机构是一组可在空间抓放物体或执行其他操作的机械机构或机械装置,通常包括手部(又称为末端执行器,是机器人直接执行工作的装置)、夹持器(夹持焊枪、喷嘴、机加工刀具、夹爪、电钻、电动螺钉拧紧器等)、工具、传感器等,其中夹持器可以是机械式、液压式、真空吸附式、磁性吸附式等不同形式。

为了满足夹持器在三维空间内的任意位置和姿态的不同要求,机器人的自由度一般为6(有些工业机器人的自由度可为5或4,而对有高度灵活要求的冗余度机器人应有多于 6 的自由度),前 3 个自由度确定夹持器的位置,而其姿态则与后 3 个自由度有关。

2. 驱动系统

驱动系统是机器人的动力系统,一般由驱动装置和传动机构两部分组成。它按照控制系统的指令为机器人各运动部件提供力、力矩、速度、加速度,驱动执行机构完成规定的作业,大多采用步进电动机、直流伺服电动机和交流伺服电动机驱动(也有的采用液压和气压驱动);传动机构(如齿轮、连杆、齿形带、滚珠丝杠、谐波减速器、钢丝绳等部件)实现各主动关节运动。

3. 控制系统

作为机器人的大脑和心脏,控制系统的主要作用是处理作业指令信息和反馈的内外部环境信息,并依据预定的本体模型、环境模型和控制程序做出决策,产生相应的控制信号,通过驱动系统驱动执行机构的各个关节按所需的顺序.以给定的速度、沿确定的位置或轨迹运动到达目标点,从而完成特定的作业。

机器人控制系统大多采用计算机控制(多由上一级多位计算机和下一级微处理器再加上传感器和软件等构成),分成决策级、策略级和执行级三级。上一级按作业任务规划给出各关节动作的指令,下一级则控制各关节伺服驱动系统执行上一级的动作指令,使机器人终端以一定精度完成作业任务。有些经济型机器人的步进电动机或气缸的驱动系统采用非伺服的开关量控制结构,也有少量工业机器人控制系统是在数控系统上派生并附加软件组成的。很多机器人控制系统都有从汇编语言到高级专用语言的编程语言。从控制系统的构成看,有开环控制系统和闭环控制系统;从控制方式看,有程序控制系统、适应性控制系统和智能控制系统。

4. 检测装置

检测装置是机器人的感测系统,通过多种传感器(如位移、速度、力觉、触觉、视觉、接近觉等)检测机器人的运动位置、工作状态,运动部件的位移、速度、加速度,外部环境信息等,并反馈给控制系统,以便操作机的执行机构以一定的精度和速度达到设定的位置。

6.3 搬运工作站的工作过程

① 按启动按钮,系统运行,机器人启动。

② 当输送线上料检测传感器检测到工件时,启动变频器,将工件传送到落料台上,工件到达落料台时变频器停止运行,并通知机器人搬运。

③ 机器人收到命令后将工件搬运到平面仓库,搬运完成后机器人回到作业原点,等待下次的搬运请求。

④ 当平面仓库码垛了 7 个工件,机器人停止搬运,输送线停止输送。清空仓库

后,按复位按钮,系统继续运行。

知识拓展

6.4 机器人技术

机器人(Robot)一词最早出自于 1920 年捷克作家 Karel Capek 的科幻剧——《罗萨姆的万能机器人》,剧中描写了一批能从事各项劳动、听命于人的机器,取名为"Robota"(捷克语,意为苦力、劳役)。1954 年美国人戴沃尔最早提出了工业机器人的概念,借助伺服技术控制机器人的关节,利用人手对机器人进行动作示教,实现动作的记录和再现。1962 年美国 AMF 公司推出的 VERSTRAN 圆柱坐标型和 UNI-MATION 公司推出的 UNIMATE 球坐标型第一代工业机器人产品,其控制方式与数控机床大致相似,主要由类似人的手和臂组成(也称为机械手)。1965 年,MIT 的研究人员演示了第一个具有视觉传感器、能识别与定位简单积木的机器人系统。1970 年以后,机器人的研究得到迅速广泛的普及,逐渐为工业部门接受,并在日本、美国等国家形成产业,开始在汽车制造业、电动机制造业等工业生产中大量采用,并且不断地被拓展到其他工业领域和农业、商业、医疗、旅游、空间、海洋、国防及服务等领域。20 世纪 80 年代,继搬运机器人、喷漆机器人、点焊机器人和弧焊机器人系列产品形成产业化规模之后,各种装配机器人和遥控作业机器人迅速发展,带感觉的第二代机器人以装配机器人为先导,在电子工业中进入了实用阶段。现代制造的机器人不同于单一用途的自动机,是具有独立的自动控制系统、可以改变工作程序和编程、有多用途的柔性拟人功能(能模仿人体某些器官的功能完成某些操作或移动作业)的机器。以图 6-9 所示的机械手为例,该装置除了机械本体之外,由于它还包括了由微机、微电子控制电路构成的控制系统,直流伺服电动机为核心的驱动部件,编码器和测速发电机构成的传感器反馈部分,因而是一个典型的机电一体化系统。

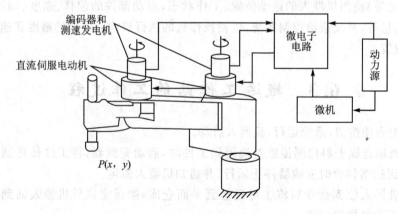

图 6-9 机器人系统示意图

　　自从机器人在美国诞生以来,世界主要发达国家竞相争夺这一领域的领先地位。日本的机器人技术发展极为迅速,甚至超过了美国,赢得了"机器人王国"的美誉。日本川崎重工业公司于1968年试制出第一台"尤尼曼特"机器人。自此,日本开始向机器人领域的制高点进攻。到了20世纪80年代,日本机器人技术进入普及提高期,开始在各个产业广泛推广使用。20世纪90年代后,日本政府、企业和研究机构对服务机器人(从事维护保养、修理、运输、清洗、保安、救援、监护、娱乐教育等工作)、仿人机器人、营救机器人、宠物机器人等下一代机器人技术给予了大量投资。根据国际机器人联合会的统计,1994年以来,日本机器人的上市量每年大约为3万台(出口比例高达40%~50%),是欧美国家的总和。日本国内装配有41万台各类机器人,广泛应用于各类企业。目前,日本在机器人的生产、出口和使用方面都居世界榜首,约占世界工业机器人装备量的60%。

　　我国工业机器人起步于1972年,"七五"期间完成了示教再现式工业机器人成套技术,以及喷涂、点焊、弧焊和搬运机器人的研发,通过"863"计划对智能机器人进行研发,取得了一大批科研成果。从20世纪90年代初期,我国的工业机器人在实践中迈进,先后研制出了点焊、弧焊、装配、喷漆、切割、搬运、包装码垛等各种用途的工业机器人,为我国机器人产业的腾飞奠定了基础。

　　日本在产业用机器人、仿人型机器人及个人/家用机器人三个领域具有绝对竞争优势。在非产业服务机器人这个新兴领域,日本、欧洲、美国与韩国不相上下。就生物技术、医疗技术、国防和航空领域的机器人技术而言,日本落后于欧美国家。

　　随着全球社会、经济、文化的快速发展,科学技术的不断创新与突飞猛进及在汽车工业中的应用与衍生,世界汽车工业呈现出飞速发展的势头。各种先进、新型机器人作为先进制造工艺装备,正越来越多地应用于汽车工业中。

　　图6-10是一个用于汽车制造的焊接机器人系统。在我国,每年有近千台焊接机器人投入汽车整装生产及汽车底盘件等零部件生产中。汽车底盘的焊接质量对汽车的安全起着决定性的影响,所以大都采用机器人焊接。对底盘零部件的对称结构及其对称焊缝的距离空间的要求催生了双焊接机器人的产生和应用,它利用一个中央控制系统来控制两个机器人本体,使两个机器人本体之间、本体与外部夹具之间、机器人双手臂之间达到协调运动,这为客户大幅度提升产品生产节拍和质量提供了极大的空间。机器人焊接系统的关键在于离线编程技术和虚拟仿真技术。采用离线编程比传统的示教方法效率更高,焊接路径的规划对提高生产率具有重要意义;利用虚拟仿真技术可以优化焊接路径,使机器人的运动轨迹重复最少,同时可以检验机器人轨迹中是否存在奇异点或外界干涉。

　　经过几十年的发展,机器人技术已经形成了综合性的学科——机器人学(Robotics),又称为机器人技术或机器人工程学,集材料、力学、机械学、生物学、人类学、计算机科学与工程、控制论与控制工程学、电子工程学、人工智能、社会学等多学科知识之大成,代表了高技术的发展前沿,主要包括机器人本体结构系统,机械手与步行

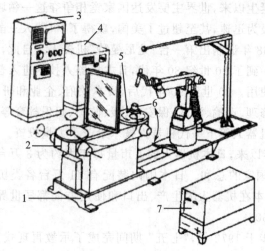

1—总机座；2—轴旋转换位器；3，4—控制装置；5—工件夹具；6—工件；7—焊接电源

图 6 - 10　焊接机器人系统示意图

机构设计,轨迹设计和规划,运动学和动力学,动作规划生成和规划监督执行,机器视觉、触觉、听觉等信感技术,机器人传感器,机器人控制系统(运动学控制、动力学控制、柔顺控制及基于知识的智能控制),机器智能,机器人语言和智能控制软件,以及机器人的计算机辅助设计技术和机器人应用工程等。

6.5　机器人的应用与展望

1. 机器人的应用

从机器人诞生到 21 世纪初,机器人技术得到了飞速发展和广泛的应用,如汽车、机械加工、农林、电子、军事、采矿、核能、石油、航空航天、医药、服务、教育、娱乐、安保等领域。可以说,当今世界,机器人的应用已无处不在。

在传统金属切削加工中,由人工完成的换刀、取料、装夹工件、对刀、切削加工、下料、去毛刺等过程都可以利用现代数控技术和机器人来完成,极大地提高了加工效率和质量,大大改善了工作环境。

农业机器人已经在土地耕作、蔬菜嫁接、作物移栽、农药喷洒、作物收获、果蔬采摘等农业生产中应用和逐步推广,如法国的水果采摘机器人,荷兰的挤奶机器人,英国的葡萄枝修剪机器人和蘑菇采摘机器人,日本的耕作拖拉机自动行走系统、联合收割机自动驾驶技术和无人驾驶农药喷洒机,以及我国的农业机器人自动引导行走系统、蔬菜嫁接机器人等。

法国的 EPAVLARD、美国的 AUSS、俄罗斯的 MT - 88 等水下机器人已用于海洋石油开采、海底勘查、救捞作业、管道敷设和检查、电缆敷设与维护、大坝检查等作业。我国在20世纪90年代中期研制的"CR‐01"水下机器人在6 000 m海深的太平洋试验成功,目前"CR‐02"自制水下机器人(见图6‐11)已在南海海域成功进行深海试验,这使我国在深海探测和探索方面跃居世界前列。

图6‐11　中国的"CR‐02"自制水下机器人

机器人在空间探索与资源开发利用中发挥着越来越重要的作用。1997年7月4日,美国航空航天局(NASA)发射的火星探路者号宇宙飞船携带空间机器人——闻名世界的"索杰纳"火星车(Sojanor),成功在火星表面着陆(如图6‐12所示),标志着人类在征服宇宙的长征中迈出了新的一步。2004年1月4日,美国"勇气"号探测机器人在火星表面着陆,探测火星上是否存在水和生命(如图6‐13所示)。

图6‐12　"索杰纳"火星车

图6‐13　"勇气"号火星探测机器人

机器人已开始从传统的工业制造领域向军事、安全、医疗、家用、娱乐等领域渗透和迅速发展。进入21世纪,能够从事维护保养、修理、运输、清洗、保安、医疗、救援、监护、娱乐、教育等工作的各式各样服务机器人(如清洁机器人、家用机器人、娱乐教育机器人、医用及康复机器人、老年及残疾人护理机器人、办公及后勤服务机器人、建筑机器人、救灾机器人、导游机器人、酒店售货及餐厅服务机器人等)迅速发展。如日本富士重工的无人清扫机器人 RFS1,美国 iRobot 公司的自动清扫机器人。日本索尼公司的 Qrio,可以双足灵活行走、跳舞、唱歌和对话。美国 iRobot 公司的 Packbot 搜救机器人在阿富汗和伊拉克战争中都投入了使用。清华大学开发出了一个7自由度移动式护理机器人,南京理工大学机器人研究室成功研制出了一张机器人护理病床,哈尔滨工业大学也研制出了"导游机器人""迎宾机器人""清扫机器人",它们都令人耳目一新。

2. 机器人的展望

机器人的出现和发展极大地提高了社会劳动生产率,并改变了人类的社会生活面貌。随着机械、(微)电子电气、自动化、计算机、信息、网络、新材料、新能源等科学技术的快速发展,机器人技术不断朝着结构多样化、模块化、可重构化、自控智能化、监控智能化、仿生化/拟人化、微型化等方向发展。图 6-14 是目前各种新型机器人。

(a) "创意之星"模块化机器人　　　(b) 机器狗　　　(c) KOBIAN机器人

(d) 动脉微型机器人　　　(e) Sleep Walking智能机器人

图 6-14　各种新型机器人

(1) 模块化、可重构化

模块化机器人由一定数量的相关联的模块组成,且各个模块都具有一定的自治能力和感知能力;各模块也具有各种尺寸和性能特征,并能够装配成不同的构形。各模块间有统一的接口环境,可用于传递力、运动和能量并进行通信;模块之间的通断操作和相互运动可以自动改变整体构形,扩展运动形式,完成多种运动及操作任务。

重构机器人自适应及环境适应的能力强,制造成本低,可自行修复,可自变形,适用于多种不同的场合,并能完成各种复杂的任务。可重构模块化机器人方便拆散和装配,重构后的机器人能适应新的工作环境和工作任务,具有良好的柔性。

（2）仿生化、拟人化

仿生化机器人使人类朝着智能机器人的方向迈出了重要的一步。仿生机器人是科学家观察各种生物,归纳它们的行为及动作模式,并利用相关技术进行软硬件设计,做出的仿生物状的机器人,如机器恐龙、机器狗、机器猫等机器宠物,都属于仿生机器人。

拟人机器人具有人的外形,能够效仿人体的运动、感知及社交能力,并具备人类生活的部分经验。拟人机器人是多门基础学科、多项高技术的综合与集成,代表了尖端的机器人技术。2009 年日本早稻田大学推出了一款情感丰富的机器人——KO-BIAN,是世界上首款能够同时利用表情和动作与人进行全面情绪互动的机器人。图 6 - 14(c)中显示了 KOBIAN 机器人表演人类悲伤的情感。

（3）微型机器人

随着时代的发展,人类在很多问题上遇到了瓶颈,尤其是医疗领域,因此微型机器人应运而生。微型机器人是指尺寸能达到微米级、高度集成化的机器人。图 6 - 14(d)是韩国国立全南大学的研究人员制造的动脉微型机器人,能进入阻塞的动脉,释放出溶解血液凝块的药物,从而能很好地抑制心脏病发作,降低由心脏病引发的死亡率。

（4）智能机器人

智能机器人是机器人技术发展的最高领域,它能够理解人类语言,具备相应的思维能力,能用人类语言同操作者对话,在其自身与外部环境的交互中单独形成了一种使它能得以"生存"的相应模式。智能机器人具有感知工作环境的能力、任务规划能力和决策控制能力,其主要核心技术有导航技术、路径规划技术和多传感器信息融合技术。

美国科学家研发出来的 Sleep Walking 智能机器人[如图 6 - 14(e)所示],可以像演员演戏那样将人在睡梦中的活动再次呈现出来。在不久的将来,它还能够精确记录人的梦境,到时我们就可以像保存照片一样保存我们的睡梦了。

机器人并不是在简单意义上代替人的劳动,而是综合了人和机器特长的一种自动化、信息化、智能化的拟人电子机械装置,既有人对环境的感知、分析、判断、行为能力,又有机器可长时间、自动化地持续工作、精确度高、抗恶劣环境的能力,以及胜任人力所不能及的工作的能力,是工业、非产业界的重要生产和服务性设备。在 21 世纪,各种先进的机器人系统将会以前所未有的速度和广度进入人类生产、生活的方方面面,成为人类良好的助手和亲密的伙伴。

项目小结

1. 总结搬运机器人工作站的组成要素。

2. 根据自己的理解,简述工业机器人的定义。

3. 通过网络查询工业机器人相关知识,列举机器人典型厂家及工业机器人的典型应用。

项目七　码垛机器人工作站的构建

项目描述

"客户"拟对他们公司的工业生产线进行改造,提高其自动化程度,他们向"我"公司提出在生产线上搭建 5 套机器人码垛系统。任务完成后由我方提供样机并提交技术参数、搭建方法及报告等相关文件。

在该任务中,我们采用 KUKA KR 470 - 2PA 来满足客户的需求,达到客户的经济要求和技术要求,以期客户获得最高的性价比,"我"公司获得合适的利润。

项目要求

1. 了解码垛机器人工作站的构建方法;
2. 掌握机器人常用传感器;
3. 熟悉机器人的驱动与控制。

项目实施

7.1　总体概括

方案设计为 5 套 KR470 2PA 机器人码垛系统,用于生产现场的 6 条分流支线。整个项目共 6 条纸箱规整输送机,5 台 KR470 2PA 470KG 系列机器人及控制系统。

7.1.1　技术参数及生产工艺

生产的产品规格见表 7 - 1。

表 7 - 1　产品规格表

生产线	瓶型号	产品名称	长	宽	高	瓶/箱	每箱质量/kg	箱/小时	码垛层数	底层箱数	顶层箱数	每层质量/kg
	L1-1	30克样品	280	230	84	48	2.6	250	10	17	17	44.2
L1	L1-2	50克样品	268	199	116	48	3.6	250	9	17	17	61.2
	L1-3	60克样品	195	183	129	24	1.5	500	10	30	20	45
	L2-1	100克样品	274	181	119.2	24	3.5	500	9	20	12	70
L2	L2-2	180克样品	196	155	180	12	3	1 000	5	36	25	108
	L2-3	245克沐浴露	203	152	190.8	12	3.8	1 000	4	32	32	121.6
	L3-1	245克沐浴露	203	152	193.5	12	3.8	1 000	4	32	32	121.6
	L3-2	400克洗手液	318	234	152	12	5.9	1 000	5	11	11	64.9
	L3-3	280克泡沫洗手液	278	273	153	12	5.8	1 000	5	12	6	69.6
L3	L3-4	400克泡沫洗手液	296	303	161	12	6	1 000	5	12	5	72
	L3-5	500克贝芬洗手液	345	259	152	12	7.2	1 000	5	11	11	79.2
	L3-6	600克液态皂	288	305	183.5	12	8.5	1 000	5	12	9	102
	L3-7	250克贝芬洗手液	270	204	113	12	4	1 000	5	17	17	68

生产线	瓶型号	产品名称	长	宽	高	瓶/箱	每箱质量/kg	箱/小时	码垛层数	底层箱数	顶层箱数	每层质量/kg
L4	L4-1	180克餐具净	196	155	180	12	3	1 500	5	31	31	93
	L4-2	100克餐具净/蔬果	257	200	195	12	5.3	1 500	5	17	17	90.1
	L4-3	800克餐具净	307	234	258	12	10.9	1 500	4	12	9	130.8
	L4-4	1 000克餐具净	353	263	246	12	13.5	1 500	4	10	10	135
L5	L5-1	1 000克涤王	320	352	258	8	9.8	2 250	5	9	6	88.2
	L5-2	1 000克涤清	282	282	265	8	9.5	2 250	5	12	9	114
	L5-3	2 000克涤王	530	183	346	6	13.8	1 250	4	10	10	138
	L5-4	2 000克涤清	348	277	329	6	13.7	1 250	4	10	10	137
	L5-5	500克涤王	370	271	199.2	12	7.3	1 500	5	10	10	73
L6	L6-1	5000克洁厕净	303	185	260	12	7.2	834	5	1	8	108
	L6-2	480克力净	381	243	248	12	7.2	834	5	12	6	86.4
	L6-3	700克力净	506	212	268	12	10.4	834	5	8	4	83.2
	L6-4	1 000克力净	401	372	268	12	13.9	834	5	6	4	83.4

说明:1 号机器人码垛 L1 线、L2 线,2 号机器人码垛 L3 线,3 号机器人码垛 L4 线,4 号机器人码垛 L5 线, 5 号机器人码垛 L6 线。

7.1.2 纸箱搬运及规整流程

纸箱搬运及规整流程如图 7-1 所示。

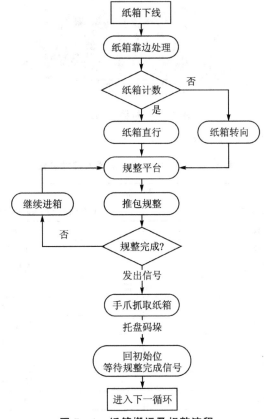

图 7-1 纸箱搬运及规整流程

纸箱计数应实时传给输送机控制系统或者上位机。即抓一次，传一次所抓的箱子数。在有箱子异常需要替换，或者有故障、切换码垛方式等异常情况时，都需要有和输送线控制系统的信号交换。

7.2 主要设备规格

7.2.1 机器人系统

本系统核心采用 KUKA 最先进的 5 轴设计，是一款具有 3.15 m 到达距离和 470 kg 有效载荷的高速机器人，非常适合应用于袋、盒、板条箱、瓶等包装形式的物料的堆垛。图 7-2 所示为机器人系统。

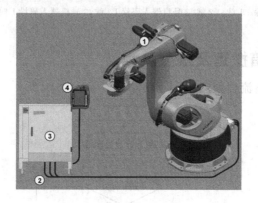

图 7-2　机器人系统

KR470-2PA 机器人技术参数见表 7-2。

表 7-2　KR470-2PA 机器人技术参数

规　格	
机器人版本 KR470-2PA	承重能力 470 kg，到达距离为 3.15 m
轴数	5 轴
防护等级	IP 65
安装方式	落地式
性　能	
位置重复精度	±0.08 mm
轴运动	KR470 工作范围
轴 1	+/−185°
轴 2	+20°/−130°
轴 3	+155°/−0°
轴 4	+350°/−350°

续表 7 - 2

最大速度	
轴 1	84(°)/s
轴 2	78(°)/s
轴 3	73(°)/s
轴 4	177(°)/s
电气连接	
电源电压	输入电压 380 V
物理特性	
机器人底座	1 042 mm× 1 042 mm
质量	2 150 kg
运行环境	
环境温度(操作时)	1Q～55 ℃
相对湿度	最高 95%
噪声水平	最高 72 dB(A)
安全	IP 65

控制系统见图 7 - 3。示教系统见图 7 - 4。

smartPAD 是用于工业机器人的手持编程器。smartPAD 具有工业机器人操作和编程所需的各种操作和显示功能。

图 7 - 3　控制系统

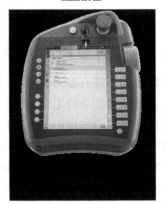

图 7 - 4　示教系统

7.2.2 手 爪

手爪采用卷帘式整层抓取式,卷帘由步进电机控制,快速运动,精确定位。工艺尺寸用气缸合理选择行程,并安装多档磁性开关,用来检测不同产品类型到达的行程。一种手爪能够与多种产品类型兼容,如表7-3所列。

表7-3 手爪技术参数

项 目		参 数
型 号		FL-400
手爪形式		卷帘式
压缩空气压力/MPa		0.5~0.7
压缩空气消耗量/(NL·min^{-1})		500
手爪质量		不大于220 kg
手爪材质	主机架	硬铝合金
	挡板/压板	进口航空铝材
	压杆	不锈钢304
运动部件	卷帘杆	不锈钢304
	电机	SEW
气动元件		FESTO气缸及附件
控制		接机器人控制部分

7.3 相关知识

7.3.1 传感器的选择

传感器是机器人感知、获取信息的必备工具,能够改善机器人工作状况,使其能够更充分地完成复杂的工作,因而对机器人传感器有更大的需求和更高的要求。本项目采用光电开关或接近开关,可满足要求。这里只介绍欧姆龙的光电开关。

对于设定位置和设定角度的检测,常用的有微型开关和光电开关。

微型开关通常作为限位开关使用。当设定的位移或力作用到它的可动部分(称为执行器)时,开关的电气触点便断开或接通。在机器人中,所应用的微型开关大多在开关执行器上安装滚轮,是接触式测量。

光电开关的光源与光电二极管或光电三极管等光敏元件相隔一定距离,构成的是一种透光式开关,如图7-5所示。光电开关的特点是非接触检测,因此其检测精度受到一定的限制。

图 7 - 5　欧姆龙光电开关

7.3.2　电动驱动系统

机器人电动伺服驱动系统是利用各种电动机产生的力矩和力,直接或间接地驱动机器人本体以获得机器人的各种运动的执行机构。

对工业机器人关节驱动的电动机,要求有最大功率质量比和扭矩惯量比、高启动转矩、低惯量和较宽广且平滑的调速范围。特别是像机器人末端执行器(手爪)应采用体积、质量尽可能小的电动机,尤其是要求快速响应时,伺服电动机必须具有较高的可靠性和稳定性,并且具有较大的短时过载能力。这是伺服电动机在工业机器人中应用的先决条件。

机器人对关节驱动电机的要求如下:

① 快速性。电动机从获得指令信号到完成指令所要求工作状态的时间应短。响应指令信号的时间越短,电伺服系统的灵敏性越高,快速响应性能越好。

② 启动转矩惯量比大。在驱动负载的情况下,要求机器人的伺服电动机启动转矩大,转动惯量小。

③ 控制特性的连续性和直线性。随着控制信号的变化,电动机的转速能连续变化,有时还需转速与控制信号成正比或近似成正比。

④ 调速范围宽。能用于 1:1 000～1:10 000 的调速范围。

⑤ 体积小,质量轻,轴向尺寸短。

⑥ 能经受起苛刻的运行条件,可进行十分频繁的正反向和加减速运行,并能在短时间内承受过载。

目前,高启动转矩、大转矩、低惯量的交、直流伺服电动机在工业机器人中得到广泛应用。一般,负载 1 000 N 以下的工业机器人大多采用电伺服驱动系统,所采用的关节驱动电动机主要是 AC 伺服电动机、步进电动机和 DC 伺服电动机。其中,交流伺服电动机、直流伺服电动机、直接驱动电动机(DD)均采用位置闭环控制,一般应用于高精度、高速度的机器人驱动系统中。步进电动机驱动系统多适用于对精度、速度要求不高的小型简易机器人开环系统中。交流伺服电动机由于采用电子换向,所以无换向火花,在易燃、易爆环境中得到了广泛的使用。机器人关节驱动电动机的功率范围一般为 0.1～10 kW。本项目采用交流伺服电机驱动。

7.4 控制系统说明

① 码垛控制系统采用仿威图控制柜,密封性好。冷却采用冷却风扇及防尘过滤网的主动式散热方式。主要元器件采用施耐德公司产品,变频器采用博世-力士乐公司产品。直流电源及 PLC 电源均采用电子滤波器净化电源,防止电网进线干扰。现场检测元器件采用欧姆龙公司或德国劳易测公司的光电开关或接近开关,稳定性高。

② 码垛控制系统采用机器人西门子 S7 300 系列的 PLC 控制方式,每套控制柜控制两条规整线或一台规整机,对应两条托盘输送线体,或对应一条托盘输送线体,提供一套控制柜,在控制柜门上安装一台 10 英寸西门子触摸屏,集中显示每条(一套控制两条规整线或一台规整机)规整线体检测元器件、气缸、电机及机器人本体等装置的工作状态,并诊断、显示设备的故障信息。

③ 五套码垛系统分别对应各自的 PLC 控制柜,共用一套 CPU 通过 Profibus - DP 远程控制方式控制各自对应的码垛系统。每套码垛控制系统均配一台 10 英寸触摸屏,实时显示每套系统的工作状态、设备参数及报警信息。

④ 每台机器人提供一块 Profibus - DP 通信板,用于与码垛系统 PLC 进行数据交换,实时给出机器人的工作状态、码垛数量、产品代码及机器人系统信息,通过 PLC 处理后显示在触摸屏上。

⑤ 在前段的料箱输送设备每个接口处设备上的某一位置设置一处检测光电,用于检测前段输送线是否处于工作状态,以控制规整设备的启、停。

⑥ 箱体输送线 PLC 采用西门子 S7 300 系列,码垛控制系统也采用西门子 S7 300 系列带以太网接口的 CPU。托盘输送线体(下游输送线)系统与码垛控制系统之间通过工业以太网传送信息。

主要电气部件品牌见表 7 - 4。

表 7 - 4 主要电气部件品牌

编　号	设备名称	品　牌	备　注
1	PLC	西门子 S7 300 系列	
2	人机界面	西门子	10 英寸
3	低压电气（断路器、接触器、按钮、指示灯）	施耐德	
4	光电开关	劳易测	

知识拓展

7.5 机器人传感器

传感器的主要作用就是给机器人输入必要的信息。例如,测量角度和位移的传感器,对于掌握手和腿的速度、移动的方向,以及被抓持物体的形状和大小都是必要的。

根据输入信息源是位于机器人的内部还是外部,传感器可以分为两大类:一类是为了感知机器人内部的状况或状态的内部测量传感器(简称内传感器)。它是在机器人本身的控制中不可缺少的部分,虽然与作业任务无关,却在机器人制作时将其作为本体的一个组成部分,并进行组装。另一类是为了感知外部环境的状况或状态的外部测量传感器(简称外传感器)。它是机器人适应外部环境所必需的传感器。按照机器人作业的内容,分别将其安装在机器人的头部、肩部、腕部、臂部、腿部和足部等。

为了便于理解机器人传感器的特征和区别,对传感器的检测内容、方式、种类和用途进行了分类,见图 7 - 6、表 7 - 5 和表 7 - 6。

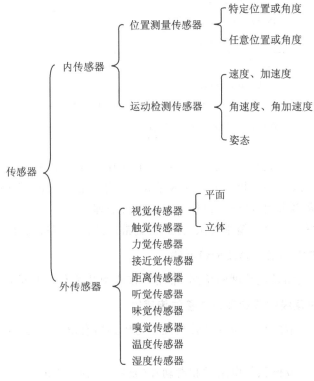

图 7 - 6 机器人传感器

表 7 - 5　内传感器按功能分类

检测内容	传感器的方式和种类
视觉传感器	单目、双目、主动、被动、实时视觉
触觉传感器	位移、压力、速度
力觉传感器	单轴、三轴、六轴力-力矩传感器
接近觉传感器	接触式、电容式、电磁式、STM、AFM、流体、超声波、光学测距
距离传感器	超声波、激光和红外传感器
听觉传感器	语音、声音传感器
嗅觉传感器	气体识别传感器
温度传感器	电阻、热敏电阻、红外线、IC温度传感器

表 7 - 6　外传感器按功能分类

检测内容	传感器的方式和种类
角度	旋转编码器
角速度	内置微分电路的编码器
角加速度	压电式、振动式、光相位差式
位置	电位计、直线编码器
速度	陀螺仪
加速度	应变仪式、伺服式
倾斜度	静电容式、导电式、铅垂振子式、浮动磁铁式、浮动球式
方位	陀螺仪式、地磁铁式、浮动磁铁式

　　内传感器大多与伺服控制元件组合在一起使用。尤其是表 7 - 6 中的位置或角度传感器,它们一般安装在机器人的相应部位,对满足给定位置、方向及姿态的控制不可或缺,而且大多采用数字式,以便计算机进行处理。

　　传感器种类很多,由于篇幅有限,在此仅就常用的传感器进行介绍。

1. 测设定位置和设定角度的传感器

　　对于设定位置和设定角度的检测,常用的有微型开关和光电开关。

2. 测关节的直线位移和转角位移的传感器

　　测量机器人关节的直线位移和转角位移的传感器有电位器、旋转变压器、编码器和关节角传感器。

　　电位器由环状或棒状的电阻丝和滑动片(或称为电刷)组成。滑动片接触或靠近电阻丝取出电信号,电刷与驱动器连成一体,将其直线位移或转角位移转换成电阻的变化,在电路中以电压或电流变化的形式输出。电位器可以分为滑片(接触)式和非接触式两大类,前者有导电塑料线绕式、混合式等,后者有磁阻式、光标式等。

旋转变压器由铁芯、两个定子线圈和两个转子线圈组成,是测量旋转角度的传感器。定子和转子由硅钢片和坡莫合金叠层制成,在槽内绕制成线圈,定子和转子分别由互相垂直的两相绕组构成。

根据检测原理,编码器可以分为光学式、磁式、感应式和电容式。关节角传感器安装在旋转关节部位,可以测量关节的角度,当它用于人体测量时被称为测角器。

3. 测速度和角速度的传感器

测量速度和角速度可用测速发电机,这是直接测量法。测速发电机也称为转速计传感器。比率发电机是基于发电机原理的速度传感器或角速度传感器。

另一种方法是间接测量,用位移传感器测量速度,即测量单位采样时间的位移量,然后用 F/V 转换器(电压–频率转换器)变成模拟电压。

4. 测量加速度和角加速度的传感器

测量加速度和角加速度可用加速度传感器来测量振动加速度。目前,人们已经开发了单轴、双轴,以及同时检测三个轴方向的加速度传感器。IC 压电(应变)加速度传感器,是内装微型 IC 集成电路放大器的压电(应变)加速度传感器,它将传统的加速度传感器与电荷放大器集于一体,能直接与记录和显示仪器连接,简化了测试系统,提高了测试精度和可靠性。

5. 姿态传感器

姿态传感器就是能够检测重力方向或姿态角变化(角速度)的传感器,因此它通常用于移动机器人的姿态控制等方面。根据检测原理,可以将其分为陀螺式和垂直振子式等。

6. 固定坐标位置和绝对坐标的位置检测传感器

固定坐标位置和绝对坐标的位置检测用立体视觉捕捉物体三维位置的方法来实现,即全球定位系统(Global Positioning System,GPS)。GPS 能连续、独立和精确地求出随时间变化的飞机、火箭等各种物体在地球上的任何位置。同时,也可以计算出移动物体的速度和运动方向,因此它很适合作为机器人领域,特别是测量移动机器人绝对位置的方法。

7. 触觉传感器

触觉传感器是具有人体皮肤感觉功能的传感器的总称。在生理学领域内,人体皮肤系统感受到的感觉分为压觉、接触觉、温度觉和痛觉等。机器人触觉的研究只能集中在扩展机器人能力所必需的触觉功能上。一般地,把检测感知和由外部直接接触而产生的接触、压力、滑觉的传感器,称为机器人触觉传感器,有时也把接近觉传感器广义地看作触觉传感器中的一种。

接触觉传感器检测机器人是否接触目标或环境,用于寻找物体或感知碰撞。它可以由商品化的微型开关构成。此外,为了达到减轻质量、缩小体积、提高灵敏度的要求,人们还设计了各种其他结构的传感器。

压觉传感器可以检测传感器表面上受到的作用力,它一般由弹性体与检测弹性体位移的敏感元件或感压电阻元件构成。

机器人中的"滑动"是指机器人手部与对象物体的接触点间产生的相对位移。检测这个位移与速度的传感器称为滑觉传感器。

8. 力觉传感器

在机器人工程领域,说到"力",狭义地就是指力与力矩的总称。在这里,力是指力与力矩构成的六维向量。

力觉传感器就是测量作用在机器人上的外力和外力矩的传感器。在力觉传感器中,不仅有测量三轴力的传感器,而且还有测量绕三轴的力矩(转矩)的传感器,称为六轴力觉传感器或力-力矩(转矩)传感器。

9. 接近觉传感器

接近觉传感器是一种能在近距离范围内获取执行器和对象物体之间空间相对关系信息的传感器。

按不同的检测原理,可分为接触式传感器、电容式传感器、电磁式传感器、扫描式隧道显微镜、原子力显微镜、超声波传感器、光学测距传感器。

10. 距离传感器(融入接近觉传感器)

距离传感器用来测量机器人到目标物体的距离。距离传感器对机器人避障运动和绘制环境地图非常有用。距离传感器有接触型和非接触型之分。超声波传感器和激光或红外线等光学距离传感器都属于非接触型距离传感器。

与超声波相比,光学方法测量距离的优点在于测量范围大,光的直线性可以很精确地求出距离,而且能在短时间内获得二维或三维大范围的距离信息。光学方法的缺点:摄像机和光源位置及姿态的标定相当麻烦,测量范围受到摄像机视野的限制,并且它无法用于不透光的环境。

11. 听觉传感器

机器人另一种必需的外传感器就是听觉传感器。机器人听觉传感器可以分为语音传感器和声音传感器两种。语音属于 20 Hz~20 kHz 的疏密波,工程上用空气振动检测器作为听觉器官,"话筒"就是典型的实例之一。

语音传感器是机器人和操作人员之间的重要接口,它可以使机器人按照人的"语言"执行命令,进行操作。在应用传感器之前,必须经过语音合成和语音识别。当语音信号转换成电信号后,要对其进行种种预处理。预处理包括信号放大、滤波、频率分析等。信号放大和噪声滤波一般在模拟电路中进行,然后将信号进行模/数转换,用数字信号处理的方法进行频率分析。频率分析通常借助于快速傅里叶变换(FFT)方法。

声音传感器用于检测的物质是声波和超声波。声波及超声波虽然传播的速度比较慢(在 20 ℃空气中,为 334 m/s),但由于其容易产生和检测,因此在各种测量中应用起来很方便。除特殊情况钋,声音测量一般均采用超声波频域(从可听频率的上限到 300 kHz,个别的可达数 MHz)。

12. 味觉传感器

机器人一般不具备味觉,但是海洋资源勘探机器人、食品分析机器人、烹调机器人等需要用味觉传感器进行液体成分的分析。味觉传感器主要是模仿人的味觉感知的基本原理和其他生物的相关味觉传感结构开展研究的。

13. 嗅觉传感器

嗅觉传感器并不是机器人的通用感觉传感器,不过对于火灾发现/消防机器人、救援机器人、食品检查机器人、环境保护机器人等,应该是必备的。例如,对于在大量烟雾、火焰、有害气体环境中作业的火灾救援机器人,气体识别传感器特别重要。另外,在与人类共存的空间中工作的机器人,对空气状况(氧气、二氧化碳含量等),包括对温度、湿度的检测也是必不可少的。洁净室用机器人应该具备检测灰尘的功能,这也属于嗅觉的范畴。

14. 温度传感器与湿度传感器

温度传感器是用来测定环境温度或机器人本体温度的传感器。根据检测的方法和使用元件的不同可以分为以下几种:电阻、热敏电阻、红外线、IC 温度传感器。

湿度传感器就是测定环境湿度的传感器,它有三种类型:第一种称为"陶瓷型",利用吸附水分后导电率发生变化的原理制成;第二种称为"高分子型",基于分子改变介电常数的原理制成;第三种称为"热传导型",依据水蒸气混入气体后导热性发生变化的原理制成。

7.6　机器人驱动与控制

机器人的正常动作需要控制系统与驱动机构的协调。其控制方法有位置控制、轨迹控制、力控制、力矩控制、柔顺控制、自适应控制、模糊控制等智能控制,其中有些方法已比较熟悉。随着机器人的发展,控制方法和手段日益先进,但成本较高,并有待进一步开发与完善。机器人常用的驱动方式主要有液压驱动、气压驱动和电气驱动三种基本类型。随着机器人作用日益复杂化,以及对作业高速度的要求,电气驱动机器人所占比例越来越大。但在需要作用力很大的应用场合,或运动精度不高等场合,液压、气压驱动仍广泛应用。

7.6.1　机器人控制系统

控制系统是机器人的重要组成部分,它是机器人动作的控制核心。从仿生学角度,它的作用和人的大脑相似,对机器人的各部分进行协调控制。

1. 机器人控制系统的构成

机器人控制系统是一种分级结构系统,包括以下三级。

(1) 作业控制器

根据示教操作,记忆每步动作的顺序、程序步进条件、动作的位置、速度和轨迹等,发出相应的作业指示,同时,随着作业的进行,对生产系统中周边设备输送的外部信息进行处理。

(2) 运动控制器

接受作业控制器发来的程序指令,对应所要求的连续运动轨迹,将程序的作业指令变换为各运动轴的动作指令,发送给下一级的驱动控制器,控制各轴的运动。

(3) 驱动控制器

在驱动系统的回路中,每一个自由度的运动部件都设置有一个驱动控制器。现代工业机器人的伺服驱动控制器分为模拟伺服控制和数字伺服控制两种类型,此外还有一种非伺服型的开环控制(用步进电机作驱动元件)。早期的机器人多是模拟控制,调整复杂,稳定性差。现今的机器人逐渐采用数字控制,误差小,精度高,抗干扰能力强;其开环控制的精度差,功率小,但成本较低。

2. 机器人的计算机控制

机器人控制器的选择由机器人所执行的任务决定。中级技术水平以上的机器人大多采用计算机控制,要求控制器有效且灵活,能够处理工作任务和传感信息。下面介绍计算机控制特点。

① 采用计算机便于编制程序,简化示教操作,可提高示教和编程的自动化程度。例如,示教时,对于一个圆轨迹的示教,只需示教交叉直径的四个端点,就可由计算机进行示教点间的轨迹运算,无需进行全轨迹示教。

② 由于计算机的存储容量较大,运算速度快,因此可使机器人平滑地跟踪复杂的运动轨迹,提高机器人的作业灵活性和通用性。

③ 应用计算机的机器人具有故障诊断功能,可在屏幕上指示有故障的部分和提示排除它的方法。还可显示误操作及工作区内有无障碍物等工况,提高了机器人的可靠性和安全性。

④ 可实现机器人的群控,使多台机器人在同一时间进行相同作业,也可使多台机器人在同一时间各自独立进行不同的作业。

⑤ 在现代化的计算机集成制造系统(CIMS)中,机器人是必不可少的设备,但只有计算机控制的工业机器人才便于与 CIMS 联网,使其充分发挥柔性自动化设备的特性。

7.6.2　电动驱动系统

工业机器人驱动系统中所采用的电动机,大致可细分为以下几种:

① 交流伺服电动机。包括同步型交流伺服电动机、反应式步进电动机等。

② 直流伺服电动机。包括小惯量永磁直流伺服电动机、印制绕组直流伺服电动机、大惯量永磁直流伺服电动机、空心杯电枢直流伺服电动机。

③ 步进电动机。包括永磁感应步进电动机。

速度传感器多采用测速发电机和旋转变压器；位置传感器多用光电码盘和旋转变压器。近年来，国外机器人制造厂家已经在使用一种集光电码盘及旋转变压器功能为一体的混合式光电位置传感器，伺服电动机可与位置及速度检测器、制动器、减速机构组成伺服电动机驱动单元。

机器人驱动系统要求传动系统间隙小、刚度大、输出扭矩高以及减速比大，常用的减速机构有 RV 减速机构、谐波减速机械、摆线针轮减速机构、行星齿轮减速机械、无侧隙减速机构、蜗轮减速机构、滚珠丝杠机构、金属带/齿形减速机构等。

工业机器人电动机驱动原理如图 7-7 所示。

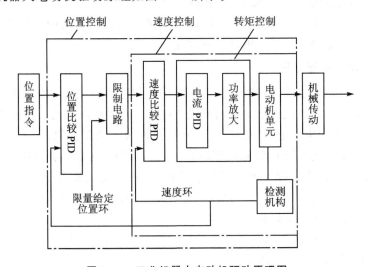

图 7-7　工业机器人电动机驱动原理图

工业机器人电动伺服系统的一般结构为三个闭环控制，即电流环、速度环和位置环。

目前，国外许多电动机生产厂家均开发出与交流伺服电动机相适配的驱动产品，用户根据自己所需功能侧重不同而选择不同的伺服控制方式。一般情况下，交流伺服驱动器可通过对其内部功能参数进行设定实现以下功能：位置控制方式，速度控制方式，转矩控制方式，位置、速度混合方式，位置、转矩混合方式，速度、转矩混合方式，转矩限制，位置偏差过大报警，速度 PID 参数设置，速度及加速度前馈参数设置，零漂补偿参数设置，加减速时间设置等。

1. 直流伺服电动机驱动器

直流伺服电动机驱动器多采用脉宽调制（PWM）伺服驱动器，通过改变脉冲宽度来改变加在电动机电枢两端的平均电压,从而改变电动机的转速。

PWM 伺服驱动器具有调速范围宽、低速特性好、响应快、效率高、过载能力强等特点,在工业机器人中常作为直流伺服电动机驱动器。

2. 同步式交流伺服电动机驱动器

同直流伺服电动机驱动系统相比,同步式交流伺服电动机驱动器具有转矩转动惯量比高,无电刷及换向火花等优点,在工业机器人中得到广泛应用。

同步式交流伺服电动机驱动器通常采用电流型脉宽调制(PWM)相逆变器和具有电流环为内环、速度环为外环的多闭环控制系统,以实现对三相永磁同步伺服电动机的电流控制。根据其工作原理、驱动电流波形和控制方式的不同,它又可分为两种伺服系统。

① 矩形波电流驱动的永磁交流伺服系统。

② 正弦波电流驱动的永磁交流伺服系统。

采用矩形波电流驱动的永磁交流伺服电动机称为无刷直流伺服电动机,采用正弦波电流驱动的永磁交流伺服电动机称为无刷交流伺服电动机。

3. 步进电动机驱动器

步进电动机是将电脉冲信号变换为相应的角位移或直线位移的元件,它的角位移和线位移量与脉冲数成正比。转速或线速度与脉冲频率成正比。在负载能力的范围内,这些关系不因电源电压、负载大小、环境条件的波动而变化,误差不长期积累,步进电动机驱动系统可以在较宽的范围内,通过改变脉冲频率来调速,实现快速启动、正反转制动。作为一种开环数字控制系统,它在小型机器人中得到较广泛的应用。但由于其存在过载能力差、调速范围相对较小、低速运动有脉动、不平衡等缺点,一般只应用于小型或简易型机器人中。

步进电动机所用的驱动器,主要包括脉冲发生器、环形分配器和功率放大等几大部分,其原理框图如图 7‑8 所示。

4. 直接驱动

所谓直接驱动(DD)系统,就是电动机与其所驱动的负载直接耦合在一起,中间不存在任何减速机构。

与传统的电动机伺服驱动相比,DD 驱动减少了减速机构,从而减少了系统传动过程中减速机构所产生的间隙和松动,极大地提高了机器人的精度,同时也减少了由于减速机构的摩擦及传送转矩脉动所造成的机器人控制精度降低。而 DD 驱动由于具有上述优点,所以机械刚性好,可以高速、高精度动作,且具有部件少、结构简单、容易维修、可靠性高等特点,在高精度、高速工业机器人应用中越来越引起人们的关注。

作为 DD 驱动技术的关键环节是 DD 电动机及其驱动器。它应具有以下特性:

① 输出转矩大:为传统驱动方式中伺服电动机输出转矩的 50～100 倍。

② 转矩脉动小:DD 电动机的转矩脉动可抑制在输出转矩的 5%～10% 以内。

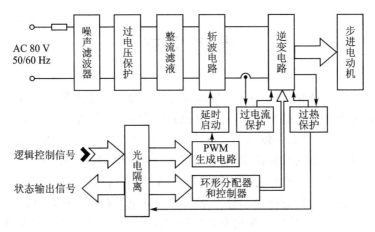

图 7 - 8　步进电动机驱动器原理框图

③ 效率：与采用合理阻抗匹配的电动机（传统驱动方式下）相比，DD 电动机是在功率转换较差的使用条件下工作的。因此，负载越大，越倾向于选用功率较大的电动机。

目前，DD 电动机主要分为变磁阻型和变磁阻混合型，有以下两种结构形式：

① 双定子结构变磁阻型 DD 电动机。

② 中央定子型结构的变磁阻混合型 DD 电动机。

5. 特种驱动器

① 压电驱动器。众所周知，利用压电元件的电或电致伸缩现象已制造出应变式加速度传感器和超声波传感器，压电驱动器利用电场能把几微米到几百微米的位移控制在高于微米级大的力，所以压电驱动器一般用于特殊用途的微型机器人系统中。

② 超声波电动机。

③ 真空电动机，用于超洁净环境下工作的真空机器人，例如用于搬运半导体硅片的超真空机器人等。

机器人的驱动还有采用液压和气压方式进行的。一般而言，液压传动机器人有很大的抓取能力，抓取力可高达上千牛顿，液压力可达 7 MPa；其液压传动平稳，动作灵敏，但对密封性要求高，不宜在高或低温的场合工作，需要配备一套液压系统。气压传动机器人结构简单，动作迅速，价格低廉；由于空气可压缩，所以工作速度稳定性差，气压一般为 0.7 MPa，抓取力小，只有几十牛顿。

项目小结

1. 总结机器人常用的几类传感器，试说明其工作原理。

2. 思考机器人常用的驱动方法有哪些？

参考文献

[1] 刘龙江.机电一体化技术[M].2版.北京:北京理工大学出版社,2012.

[2] 张建忠.机电一体化技术应用[M].北京:北京邮电大学出版社,2014.

[3] 俞竹青,金卫东.机电一体化系统设计[M].北京:电子工业出版社,2011.

[4] 田淑珍.电机与电气控制技术[M].北京:机械工业出版社,2010.

[5] 李清新.伺服系统与机床电气控制[M].2版.北京:机械工业出版社,2013.

[6] 胡向东.传感器与检测技术[M].2版.北京:机械工业出版社,2013.

[7] 周天沛,朱涛.自动化生产线的安装与调试[M].北京:化学工业出版社,2014.

[8] 刘守操.可编程序控制器技术与应用[M].北京:机械工业出版社,2012.

[9] 王报军,滕少锋.工业机器人基础[M].武汉:华中科技大学出版社,2015.

[10] 蔡自兴.机器人学基础[M].2版.北京:机械工业出版社,2013.